Audi-Dissertationsreihe, Band 96

Salzkerntechnologie für Hohlgussbauteile im Druckguss

Der Technischen Fakultät
der Friedrich-Alexander-Universität
Erlangen-Nürnberg

zur
Erlangung des Doktorgrades Dr.-Ing.

vorgelegt von

Burkhard Fuchs

aus Würzburg

Bibliografische Information der Deutschen Nationalbibliothek
Die Deutsche Nationalbibliothek verzeichnet diese Publikation in der Deutschen Nationalbibliografie; detaillierte bibliografische Daten sind im Internet über http://dnb.d-nb.de abrufbar.
1. Aufl. - Göttingen : Cuvillier, 2014
Zugl.: Erlangen-Nürnberg, Univ., Diss., 2014

Als Dissertation genehmigt
von der Technischen Fakultät
der Friedrich-Alexander-Universität Erlangen-Nürnberg

Tag der mündlichen Prüfung:	27.06.2014
Vorsitzende des Promotionsorgans:	Prof. Dr.-Ing. habil. Marion Merklein
Gutachter:	Prof. Dr.-Ing. habil. Carolin Körner Prof. Dr.-Ing. Martin Fehlbier

Nonnenstieg 8, 37075 Göttingen
Telefon: 0551-54724-0
Telefax: 0551-54724-21
www.cuvillier.de

1. Auflage, 2014
Gedruckt auf umweltfreundlichem, säurefreiem Papier aus nachhaltiger Forstwirtschaft.

ISBN 978-3-95404-758-1
eISBN 978-3-7369-4758-0

Science is like sex:
Sometimes something useful comes out,
but that is not the reason we are doing it.

RICHARD P. FEYNMAN

Danksagung

Die vorliegende Arbeit entstand während meiner Tätigkeit als wissenschaftlicher Mitarbeiter des Lehrstuhls für Werkstoffkunde und Technologie der Metalle (WTM) der Friedrich--Alexander-Universität Erlangen-Nürnberg im Rahmen einer INI.FAU-Kooperation mit der AUDI AG in Ingolstadt.

An zuvorderster Stelle sei deshalb Frau Prof. Dr.-Ing. habil. Carolin Körner gedankt. Nicht nur hat sie die Arbeit betreut, sondern das Projekt im Vorfeld in die Wege geleitet. Nur durch die gewährte gestalterische Freiheit war es mir möglich, die Thematik so umfassend zu bearbeiten.

Herrn Prof. Dr.-Ing. Martin Fehlbier gilt mein Dank für die Erstellung des Zweitgutachtens. Mit der fachlichen Ausrichtung des GTK bot er sich als idealer Ansprechpartner an.

In seiner damaligen Funktion als Leiter des Gießerei-Technikums stand Herr Peter Wanke innerhalb der AUDI AG stets hinter dem Projekt.

Für in unzähligen Gesprächen diskutierte Inhalte und neue Blickwinkel gilt mein besonderer Dank meinen Doktorandenkollegen Ruben Hans Georg Heid und Christopher J. Thoma bei Audi sowie Johannes Hartmann am Lehrstuhl WTM.

Dank sei auch an die Mitarbeiter aus dem Gießerei-Technikum der AUDI AG in Ingolstadt, Georg Pfaller, Herbert Kramer und Markus Niebler sowie an Jörg Komma und Herbert Reichelt vom Lehrstuhl WTM gerichtet. Mit ihrer Erfahrungen haben Sie maßgeblich zum Gelingen der durchgeführten Gießkampagnen und Versuchsreihen beigetragen.

Eine herausragende Stellung nimmt Hans Brenner ein. Mit seiner langjährigen Erfahrung im Werkzeugbau hat er nicht nur an der Umsetzung des Gieß- und des Riegelpress-Werkzeuges mitgewirkt, sondern mit vielen pfiffigen Lösungen bei Versuchsaufbauten zu reproduzierbaren Ergebnissen beigetragen.

Kerstin Zinn stand stets mit Rat und Tat zur Seite, wenn es darum ging, unter dem Mikroskop das Optimale Bild aus den Proben zu holen.

Herr Harald Eibisch hat in seiner Funktion als Betreuer der Vorentwicklungsthemen bei Audi dankenswerterweise stets für die Beschaffung von Projektmitteln gesorgt und immer einen kreativen, bisweilen unkonventionellen Blickwinkel beigesteuert.

Nicht zuletzt allen Diplomanden, Studienarbeitern und Praktikanten, die mir während meiner Zeit als Doktorand bei Audi und am WTM tatkräftig zugearbeitet haben, möchte ich meine Dankbarkeit aussprechen.

Anneli Duprée und Ingrid Hilpert sorgten sich nicht nur um Formalitäten und Bürokratie, nein auch um die persönlichen Belange der Doktorandenseele und wussten stets eine Hypoglykämie gekonnt zu vermeiden.

Ohne meine Eltern, Anni und Peter, ohne meinen Bruder und meine Schwägerin, Christine und Matthias, und insbesondere ohne meine Partnerin, Juliane P., hätte ich nie durchgehalten.

Abstract

In high pressure die casting (HPDC) undercuts can only be fabricated by using complex and thus high-maintenance sliders. Until now, this technology has not been used for large-scale and cost-sensitive serial applications, e.g. the automotive industry. Known sand cores from sand- and low pressure die casting with their organic and inorganic binder systems are not suitable for the application in HPDC since they cannot cope with the process specific parameters and the die casting tool has to be designed in a way that no undercuts would compromise the opening of the die.

The use of lost cores made from salt constitutes a solution. After casting, the core can be removed completely from the part with a pressure water jet making sand-free castings and the integration of complex undercuts possible in HPDC.

Since high ingate velocities and dwell pressures are typical for the high pressure die casting process, these two parameters are examined concerning their influence on the core failure phenomenology.

Thereupon, it can be concluded that the critical process parameter for the occurrence of core failures is the ingate velocity during the filling of the cavity.

Hence, it is important to determine the forces acting on the core caused by the molten alloy entering the cavity. Both the production of the core and the casting process itself require cost intensive tools ruling out an expensive as well as time consuming trial and error method of obtaining a stable process.

Therefore, coupled field filling-FEM (finite elements method) simulations are successfully introduced to predict whether the current setup of lost core, tooling and process design are in the range of parameters where the viability of the core can be ensured. This is conducted by utilizing the method of fluid-structure-interaction (FSI), which is able to numerically determine interactions between fluids and solid structures.

Furthermore, high dwell pressures after filling of the cavity lead to core deformation due to compression. Different types of lost salt cores are characterized and used in high pressure die casting experiments with variation of the dwell pressure. For all cores it is shown that the relative core compression increases with increasing dwell pressure. A strong dependency from the relative density of the used core system as a function of the measured dwell pressure is established and successfully described with the Heckel-equation. Tests show that the relative core compression decreases drastically with the increase of relative density. Furthermore a target value for the relative density is determined to 91 % leading to no core compression in the observed dwell-pressure region.

Necessarily, mechanical characterization is conducted at different temperatures for the different types of salt cores to enable the quantitative comparison of the mechanical properties, also emphasizing the interdependency with the failure phenomenologies.

Finally, a new production method for salt cores intended for the use in high pressure die casting has been developed. This wet-pressing of salt cores from a sodium chloride-slurry yields salt cores with superior mechanical properties, especially regarding the bending strength and initial relative density, in a process that takes place at room temperature.

Inhaltsverzeichnis

1 Motivation und Zielsetzung

Gestiegene Anforderungen an Leichtbau und Funktionsintegration im Fahrzeugbau erfordern Verfahren, die in einem hochproduktiven Prozess Wirtschaftlichkeit und Qualität für den Anwendungszweck optimal darstellen. Ausschließlich die Urformverfahren und in besonderer Weise der Leichtmetalldruckguss ermöglichen in einzigartiger Weise die Herstellung endkonturnaher Bauteile mit geometrisch höchst komplexen Strukturen innerhalb kürzester Prozesszeiten.

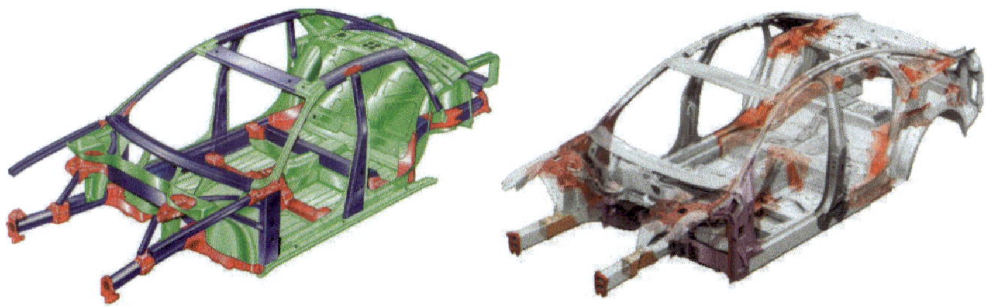

Abbildung 1.1: An den hier abgebildeten Aluminium-Spaceframe-Karosserien des Audi A8 zweier verschiedener Fahrzeuggenerationen wird deutlich, dass nicht nur die Größe, sondern auch die abzubildende, geometrische Komplexität der hier in rot eingefärbten Druckgussbauteile stetig zugenommen hat. Die tendenzielle Entwicklung, mehr und mehr Funktionen in ein einzelnes Bauteil zu integrieren ist nur durch den Einsatz des Leichtmetall-Druckgusses möglich.

In der Entwicklung von Druckgussbauteilen, insbesondere im Fahrzeugbau, lassen sich zwei dominierende Stoßrichtungen identifizieren. Wie es in Abb. 1.1 anhand der Space-Frame-Struktur des Audi A8 verdeutlicht wird, werden die einzelnen Gussbauteile zum Einen größer und vereinen zum Anderen immer mehr Funktionen in ihrer Geometrie.

Diese Entwicklung lässt den konventionellen Druckguss an Grenzen stoßen. Hier ist die Darstellung geometrisch einfacher Hinterschnitte nur durch den Einsatz mechanisch aufwendiger und wartungsintensiver Schiebertechnologien möglich. Aus dem Sand- und Kokillenguss bekannte Sandkerne mit ihren organischen und anorganischen Bindersystemen halten den verfahrensspezifischen Drücken und Geschwindigkeiten nicht Stand und sind deshalb nicht für die Anwendung im Druckguss geeignet.

Die Verwendung verlorener Kerne aus Salz stellt hier eine Lösung dar. Nach dem Abgießen werden die Kerne aus Natriumchlorid mit Hilfe eines Hochdruckwasserstrahls vollständig aus dem Bauteil entformt und ermöglichen so die sandfreie Darstellung komplex hinterschnittiger Konturen im Leichtmetall-Druckguss.

Über die für den Konstrukteur erweiterten geometrischen Freiheit in der Gestaltung von Kanälen hinaus ließe sich mit dem Einsatz von Salzkernen die Werkzeugtechnologie sowohl vereinfachen als auch vergünstigen, sowie der Prozessablauf entsprechend stabilisieren.

Insbesondere der beispielhaft in Abb. 1.2 gezeigte Schrägschieber in einem Druckgusswerkzeug zur Herstellung eines Ölwannenoberteils (ÖWOT) eines V8 TFSI-Motors ist durch seine räumliche Positionierung in der Eingussformhälfte hochbelastet.

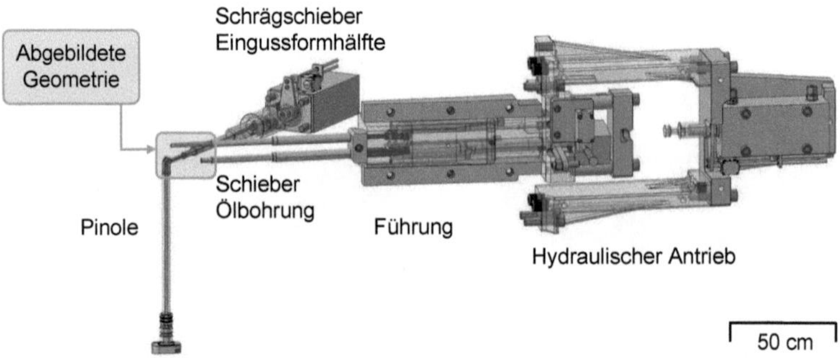

Abbildung 1.2: Der hier freigestellte mechanische Aufwand im Druckgusswerkzeug eines Ölwannenoberteils zur Abbildung eines Druckölkanals verdeutlicht, dass durch den Einsatz eines Salzkerns aufwendige und kostenintensive Werkzeugkomponenten entfallen oder zumindest vereinfacht werden könnten. Insbesondere der hinter der Kontur der Eingussformhälfte platzierte Schrägschieber ist aufgrund seiner Positionierung anfällig für temperaturbedingte Ausfälle. Bei allen drei Konturen ist aufgrund ihrer schlanken Geometrie eine Kühlung nur durch den Sprühprozess möglich, was die Lebensdauer der formgebenden Partien entsprechend limitiert.

Der Schieber an sich muss aufgrund seiner schlanken Geometrie und der damit nur eingeschränkt in der Formkontur wirksamen Formtemperierung in regelmäßigen Abständen überprüft und ausgetauscht werden. Das Hydraulikaggregat, das den Schrägschieber betätigt, ist besonderen thermischen Belastungen ausgesetzt. Die konstante Temperierung des wirksamen Antriebskreislaufes muss sichergestellt sein, um keine Undichtigkeiten am Antriebskolben zu provozieren. Ein eventueller Ausfall dieser Baugruppe führt aufgrund der Notwendigkeit, die Formhälfte von der Maschine zu nehmen, zu besonders langen Stillstandzeiten. Sind zwar die durch Schieber abgebildeten Geometrien bei diesem Beispiel vergleichsweise klein, so sind die notwendigen Hydraulikaggregate ungleich größer. Die mechanisch aufwendigen Führungen und Systeme verteuern überdies die Werkzeugtechnologie in Ermangelung vorhandener Normelemente und verkürzen die Wartungsintervalle oder führen im schlimmsten Falle zu außerplanmäßigen Instandsetzungsarbeiten.

Neben dem technologischen Interesse erschließt sich für die Salzkerntechnologie hier auch eine wirtschaftliche Dimension. Zwar ist der Salzkern selbst ein zusätzliches Element, das an sich eine weitere Werkzeugtechnologie und entsprechende Herstelloperationen bedingt, doch muss hier die gesamte Prozesskette eines Druckgussbauteils betrachtet werden.

Gesetzt dem Fall, der Konstrukteur ist im Stande, durch den Einsatz eines verlorenen Kerns nachfolgende Prozesse prozesssicher entfallen lassen zu können, kann die Salzkerntechnologie wirtschaftlich werden. Nicht nur die Einsparung von Füge- und Montageprozessen bis in den Karosseriebau hinein, sondern auch der vollständige Entfall teurer mechanischer Bearbeitung am Bauteil, die bei Gussbauteilen in der Regel zu einer erhöhten Ausschussquote führt, stehen hier im Fokus und lassen die durch die Anwendung der Salzkerntechnologie im Leichtmetall-Druckgussprozess gegebenen Möglichkeiten erkennen.

Aufgrund der nicht vorhandenen Marktdurchdringung im Leichtmetalldruckguss existieren jedoch nur wenige kommerziell verfügbare Kernsysteme. Erfahrungen in der Anwendung im Bereich der Herstellung von Aggregatebauteilen, wie etwa Kurbelgehäusen, sind vereinzelt, im Bereich typischer Strukturgussbauteile gar nicht vorhanden.

Für die erfolgreiche Herstellung eines komplex hinterschnittigen Druckgussbauteils mit Hilfe eines Salzkerns ist deshalb die systematische Untersuchung der Einflüsse aus den spezifisch im Druckguss auftretenden Prozessparametern auf den Salzkern notwendig.

Ziel dieser Arbeit ist deshalb die Untersuchung genau dieser Einflussgrößen im Druckguss, die den Einsatz von Salzkernen ermöglichen, erschweren oder sogar ausschließen, in Experimenten herauszuarbeiten und in numerischen Simulationen abzubilden.

Weiterhin sollen die mechanischen Eigenschaften der untersuchten Salzkerne charakterisiert werden. Zum Einen, um die der prozesstechnischen Anwendung zugrunde liegenden Eigenschaften herausfinden zu können, zum Anderen, um für das gegebene Salzkernsystem die entscheidenden Punkte zur weiteren Verbesserung und Erweiterung des Einsatzspektrums nennen zu können.

2 Grundlagen der Erzeugung von Hinterschnitten im Druckguss

2.1 Druckguss als industrielles Produktionsverfahren

Der Einteilung der Fertigungsverfahren nach DIN 8580 [1] folgend, stellt das Druckgießen ein Urformverfahren aus dem flüssigen Zustand dar. Typisch für das Verfahren sind die metallischen Dauerformhälften aus Stahl, die durch die Geometrie ihrer Kavität das Gussbauteil abbilden. Im Gegensatz zum Kokillengussverfahren, aus dem sich das Druckgießverfahren entwickelt hat, wird das flüssige Metall beim Druckgießen durch einen Kolben unter hohem Druck in das Werkzeug eingebracht. Hierdurch unterliegt der Formfüllvorgang nicht mehr im Wesentlichen dem Einfluss des durch die Schwerkraft ausgeübten metallostatischen Drucks. Vielmehr wird der auf die Schmelze wirkende Druck in kinetische Energie umgesetzt. Im Druckgießwerkzeug entstehen so während des Formfüllvorgangs hohe Strömungsgeschwindigkeiten, bis schließlich nach erfolgter Formfüllung der Gießkolben die Funktion des Nachverdichtens erfüllt. Die kinetische Energie der bewegten Massen wird in Druck und Wärme umgewandelt. Danach wird ein entsprechend hoher Nachdruck in der Kavität aufgebaut, um Erstarrungsporosität zu minimieren.

Maßgeblich aufgrund der hohen Formfüllgeschwindigkeiten und Nachdrücke ist es möglich, auch komplexe, dünnwandige Geometrien mit langen Fließwegen vollständig zu füllen und hochpräzise bei hoher Oberflächenqualität abzubilden. Die so vermiedene Überdimensionierung von Gussstückkonstruktionen und die erreichte Einsparung von Werkstoffen stellen enorme technologische Vorteile gegenüber den Niederdruckverfahren dar und gehen mit höchster Produktivität einher. Aufgrunddessen stellt das Druckgießverfahren den effizientesten Weg zwischen eingesetzem Material und dem Fertigerzeugnis dar [2].

2.1.1 Der Druckgussprozess

Heutzutage sind im industriellen Umfeld horizontale Kaltkammer-Druckgussanlagen am weitesten verbreitet. Diese weisen nach Nogowizin [3] zum derzeitigen Stand der Technik maximale Nennformschließkräfte von bis zu 45 000 kN auf und ermöglichen bei der Verarbeitung von Aluminiumlegierungen Schussgewichte von bis zu 60 kg.

Zwar gibt es eine Vielzahl verschiedener Varianten des Druckgießverfahrens, die sich in der jeweiligen technischen Aus- und mitunter der Prozessführung unterscheiden, doch bleiben die grundlegenden Elemente und Prozessschritte stets gleich.

Vor dem Gießvorgang wird eine entsprechende Menge des flüssigen Metalls, in der Regel über automatisierte Beschickungseinrichtungen, aus dem Warmhalteofen, der neben dem Gießaggregat der Druckgießmaschine angeordnet ist, gefördert und in die kalte, horizontale, in Abb. 2.1 dargestellte Gießkammer eingebracht.

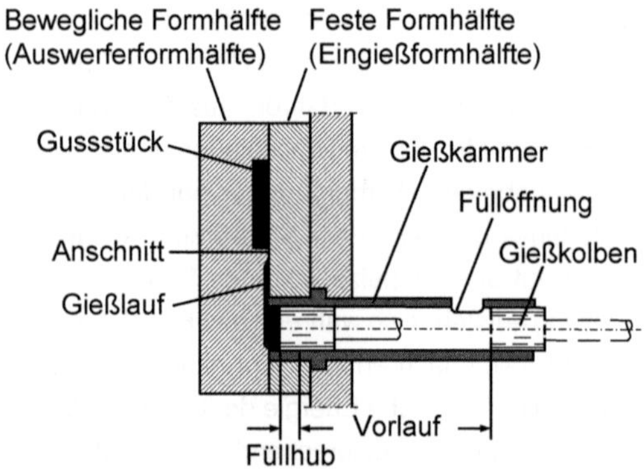

Abbildung 2.1: Schematischer Schnitt durch Bauteil und Werkzeugpartie nach Brunhuber [2]

Die Menge des eingebrachten, schmelzflüssigen Materials richtet sich hierbei nicht ausschließlich nach der Größe von Gussbauteil sowie Anguss- und Überlaufsystem. Zu beachten ist auch der sogenannte Gießkammer-Füllgrad oder, der Einfachheit halber, Füllgrad. Diese in Prozent angegebene verfahrensspezifische Größe gibt an, welcher Anteil des Gesamtvolumens der Gießkammer nach erfolgtem Dosiervorgang von Schmelze eingenommen wird. Sowohl zur Vermeidung von Vorerstarrung bei zu geringem als auch der vermehrten Einwirbelung in der Gießkammer befindlicher Gase in die Schmelze bei zu hohem Füllgrad werden in der Praxis Werte von etwa 25 % bis 50 % angestrebt. Höhere Werte sind zwar verfahrenstechnisch realisierbar, gehen allerdings nach Brunhuber [2] mit einem erhöhten Verschleiß von Gießkammer und -Kolben einher.

Mithilfe des Gießkolbens wird die Schmelze anschließend in den von den beiden Werkzeughälften aus Stahl abgebildeten Formhohlraum eingebracht. Der Formhohlraum bildet hierbei nicht nur das eigentliche Gussbauteil, sondern auch die zur Darstellung der Bauteilkontur notwendigen, in Abb. 2.2 dargestellten Hilfselemente, wie den Gießlauf sowie das Überlaufsystem ab.

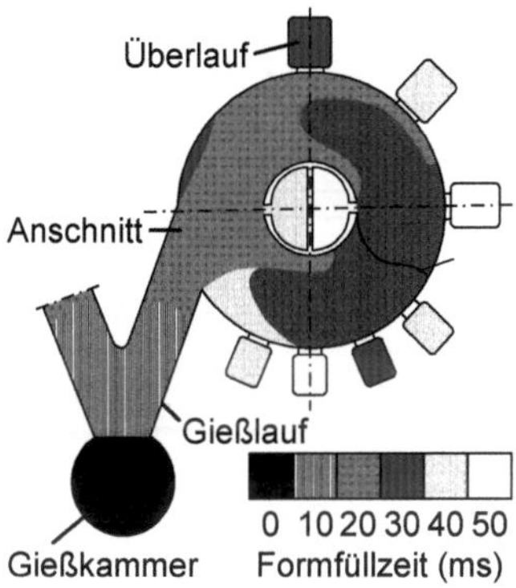

Abbildung 2.2: Schematische Darstellung eines Druckgussbauteils mit den wichtigsten Komponenten Gießlauf, Anschnitt und Überlaufsystem mit den entsprechenden Füllzeiten nach Brunhuber [2].

Die Formfüllung erfolgt beim Druckgießen in drei Phasen. In der ersten Phase verfährt der Gießkolben zunächst mit einer vergleichsweise geringen Geschwindigkeit von etwa 0,2 m s^{-1} und beschleunigt in einer oder mehreren Stufen.

Hintergrund der anfangs geringen Geschwindigkeiten des Gießkolbens sind das Verhindern des Schwappens von Schmelze aus der Einfüllöffnung der Gießkammer bei konventioneller Dosierung über Löffel oder Rinne und das Verklemmen des am Gießkolben vorhandenen Kolbenrings an der Einfüllöffnung. Die Beschleunigung des Gießkolbens beugt dem Ablösen der entstehenden Stauwelle vom Kolbenboden durch eine zu gering gewählte Kolbengeschwindigkeit vor. Allerdings dürfen Geschwindigkeit und Beschleunigung des Gießkolbens nicht zu hoch gewählt werden. Übersteigt die Kolbengeschwindigkeit v_{Kolben} die kritische Geschwindigkeit v_{krit}, so erfolgt ein Überschlag der Schmelze, siehe Abb. 2.3.

Sowohl das Ablösen der Stauwelle als auch der Überschlag führen durch die provozierte Turbulenz selbst bei evakuierter Druckgussform zu einer vermehrten Einwirbelung von in der Gießkammer vorhandenen Gasen und entstehenden Oxiden in die Schmelze. Durch Gasporosität zum einen und Oxide zum andern wirkt sich dies abträglich auf die im Gießprozess erreichten mechanischen Eigenschaften eines Gussbauteils aus. Daneben muss berücksichtigt werden, dass mit zunehmender Dauer des im Vergleich zu anderen Gießverfahren schnellen Druckgießprozesses die Gefahr vorzeitiger Erstarrung steigt, was sich wiederum negativ auf die erreichbaren mechanischen Eigenschaften der mit diesem Verfahren dargestellten Bauteile auswirkt.

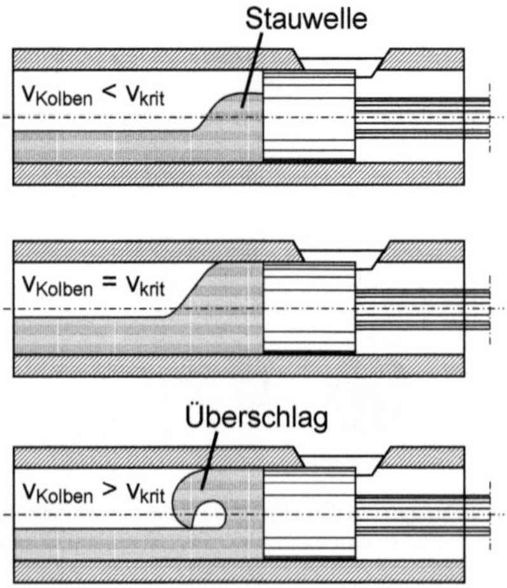

Abbildung 2.3: Schematische Darstellung der Schmelzebewegung in der Gießkammer mit einer Ablösung der Stauwelle vom Gießkolben bei zu langsamer und einem Überschwappen der Schmelze bei zu schneller Kolbengeschwindigkeit in der ersten Phase nach Brunhuber [2].

Nachdem in der ersten Phase der Gießkolben die Schmelze durch den Gießlauf bis an den in Abb. 2.2 gekennzeichneten Anschnitt, also die engste Stelle des Gießlaufes, die gleichzeitig die Anbindung des zur Bauteilfüllung benötigten Systems an das Bauteil selbst darstellt, herangeführt hat, folgt die Phase der eigentlichen Formfüllung.

Diese zweite Phase ist durch eine hohe Beschleunigung des Kolbens auf eine vergleichsweise hohe Kolbengeschwindigkeit im Bereich von $2\,m\,s^{-1}$ bis $8\,m\,s^{-1}$ gekennzeichnet, siehe auch Abb. 2.4. Bedingt durch das Verhältnis der Flächen von eingesetztem Gießkolben und Anschnitt entstehen hier Schmelze- oder auch sogenannte Anschnittgeschwindigkeiten im Bereich von mehreren $10\,m\,s^{-1}$. Je nach verwendetem Werkstoff und darzustellender Bauteilgeometrie werden von Brunhuber [2] Anschnittgeschwindigkeiten von $25\,m\,s^{-1}$ bis $90\,m\,s^{-1}$ als typisch benannt.

In der Regel erfolgt die Formfüllung dickwandiger Bauteile im unteren, die Darstellung dünnwandiger, z.B. Struktur-Druckgussbauteile, im oberen Bereich des genannten Intervalls.

Ausgelegt wird hier auf 40 m s^{-1}, um die durch die Schmelzegeschwindigkeit bedingte Belastung des Werkzeugs zu begrenzen und Auswaschungen in der Formkontur zu vermeiden.

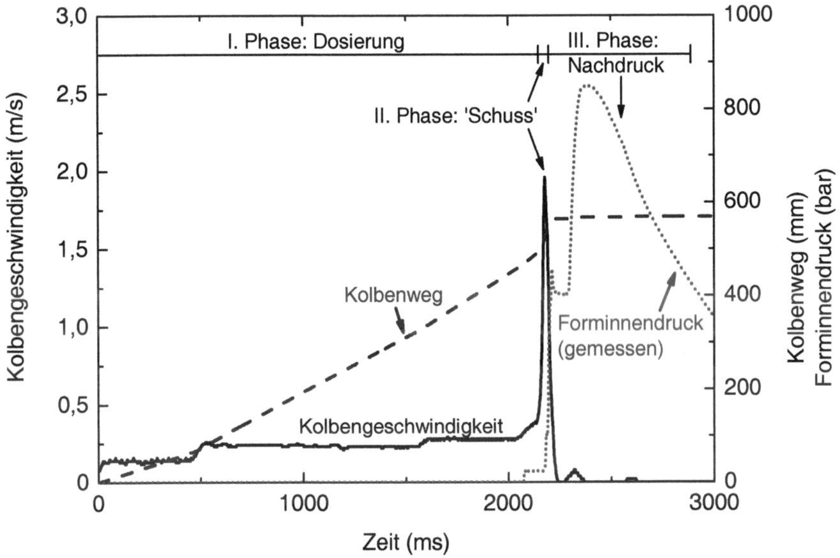

Abbildung 2.4: Die beispielhafte Gießkurve mit den dazugehörigen, aufgezeichneten Parametern zeigt die stufenweise Beschleunigung des Gießkolbens, die vergleichsweise hohe Kolbengeschwindigkeit in der zweiten Phase und den durch den Gießkolben aufgebrachten Nachdruck.

Nach vollständiger Formfüllung wird das schon zum Teil erstarrte Metall mit einem hohen Nachdruck von 40 MPa bis über 100 MPa verdichtet, wie es auch beispielhaft in Abb. 2.4 für den gemessenen Forminnendruck dargestellt ist. Die Nachdrücke in dieser dritten Phase wirken bei den dickwandigeren Partien des Gussstücks der Entstehung von Erstarrungsporosität entgegen, die durch die Schwindung beim Phasenübergang bedingt werden und ermöglichen die Darstellung der im Vergleich zu anderen Gießverfahren geringen Wandstärken von 1,5 mm bis 4 mm.

Nach Nogowozin [3] soll der Nachverdichtungsdruck über das flüssige Metall in Gießlauf und Anschnitt aufgebaut werden. Dazu muss auch die Legierung im Formhohlraum und insbesondere im Anschnitt noch flüssig oder höchstens breiartig teilerstarrt sein, damit der aufgebrachte Nachdruck überhaupt Wirksamkeit zeigen kann. Der Nachdruck beeinflusst die Gussstückqualität dadurch, dass Gas- und Erstarrungsporosität abnehmen sowie Dichte und Festigkeitseigenschaften der Bauteile erhöht werden.

Nach der vollständigen Erstarrung des Gussstücks wird die Druckgießform geöffnet und das erzeugte Bauteil zusammen mit dem Gießlauf- und Überlaufsystem durch automatisch betätigte Auswerferstifte und in der Regel durch automatisierte Entnahmesysteme aus dem Formhohlraum der verfahrenen Auswerferformhälfte entnommen [3].

2.1.2 Vacural-Verfahren

Die beim konventionellen Druckguss auftretenden, verfahrensspezifischen Fehler wie etwa Gasporosität und vermehrte Lunkerbildung führen nach Weidler und Müller [4] zum Einsatz der sogenannten Vakuum-Druckgießverfahren.

Innerhalb dieser Gruppe an speziellen Druckgießverfahren werden generell zwei Prinzipien unterschieden. Einerseits die sogenannten vakuumunterstützten Verfahren, bei denen der Formhohlraum evakuiert wird, sobald die Schmelze vollständig dosiert wurde und der Kolben die Gießkammeröfnung verschlossen hat. Aufgrund der relativ kurzen Einwirkzeit des Unterdrucks sind bei dieser Vorgehensweise nach Weidler und Müller [4] Einschlüsse aus Dämpfen und Gasen im Bauteil nicht vollständig zu vermeiden. Sollen Druckgussteile geschweißt oder einer Wärmebehandlung unterzogen werden, muss der Formhohlraum zwangsweise über einen längeren Zeitraum hinweg entlüftet werden. Deshalb beschreibt Brunhuber [2] eine Weiterführung der Anwendung der Vakuumtechnik.

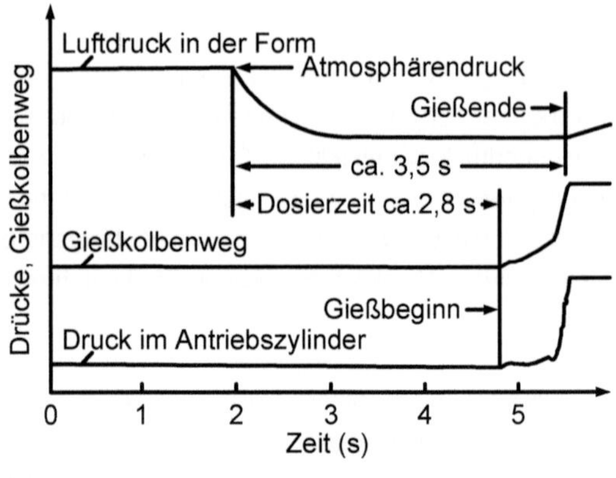

Abbildung 2.5: Schematische Darstellung der Verläufe von Drücken in der Druckgussform und des Gießkolbenwegs nach Brunhuber [2]. Der Unterdruck wird bei diesem Verfahren auch zur Dosierung der Schmelze eingesetzt und wirkt deshalb, auch im Vergleich zum vakuumunterstützen Verfahren, eine längere Zeit.

Bei diesem sogenannten Vacural-Verfahren wird das Vakuum weitergehend zum Ansaugen des flüssigen Metalls aus dem Warmhalteofen über ein beheiztes Saugrohr in die Gießkammer ausgenutzt. Die Dosierung der Schmelze erfolgt durch eine einstellbare Zeitschaltung, wie es in Abb. 2.5 hervorgehoben ist.

Zudem veranschaulicht dieses Diagramm, dass der maximal ausgeprägte Unterdruck bereits nach sehr kurzer Zeit im gesamten Formhohlraum-System wirksam wird und bis zum Ende der Formfüllphase wirksam bleibt. Ein Verschließen des Vakuumsystems zum Formhohlraum hin erfolgt durch ein spezielles Vakuumventil.

2.1.3 Druckgusswerkstoffe

Druckgussteile werden aus Legierungen der Nichteisenmetalle wie Aluminium-, Magnesium- und Zink- sowie, in einem geringeren Ausmaß, kupferbasierten Druckgusslegierungen hergestellt [3]. Eine große technische Bedeutung haben die Al-Si, Al-Si-Cu und Al-Mg-Druckgusslegierungen.

Dünnwandige Gussstücke erstarren in der Druckgießform sehr rasch und weisen daher ein wesentlich feinkörnigeres Gefüge auf als Teile aus dem Sand- oder Kokillenguss [2].
Aluminium und Aluminiumlegierungen nehmen im flüssigen Zustand durch die Berührung mit dem Formstahl und den Stahlteilen der Gießgarnitur unvermeidlicherweise Eisen in Lösung. Dabei reduziert ein Eisengehalt nahe dem Al-Si-Fe-Eutektikum bei Fe-Gehalten von etwa 0,8 Gew.-% (Gewichtsprozent) die Klebeneigung des flüssigen Metalls an der Formwand. Allerdings scheidet es sich bei der Erstarrung im Gefüge in Form grober, nadeliger, den Werkstoff versprödender intermetallischer Eisenaluminid-Phasen aus [2]. Die nachteiligen Auswirkungen des Eisengehaltes in der Aluminiumdruckgusslegierung können wesentlich durch die Zugabe von 0,5 bis 0,8 Gew.-% Mangan verringert werden [3]. Allerdings sind derart hohe Mangangehalte für die Darstellung von Strukturbauteilen für die Automobilindustrie nicht tolerabel, da sie die Dehnung als crashrelevante Kenngröße signifikant mindern [5]. Deshalb kommen hier vornehmlich eisenarme Al-Si-Legierungen mittlerer Festigkeit zum Einsatz, deren mechanische Eigenschaften, hier insbesondere die Bruchdehnung, durch entsprechende Wärmebehandlung weiter verbessert werden können.

Für die Versuche in dieser Arbeit kam die eisenarme Legierung AlSi10MnMg mit dem Handelsnamen trimal®-05 der Trimet Aluminium AG zum Einsatz. Diese Legierung kommt typischerweise für die Darstellung von dünnwandigen und stark verrippten Strukturdruckgussbauteilen, die für die Einstellung der mechanischen Eigenschaften einer Wärmebehandlung unterzogen werden, zum Einsatz und zeichnet sich durch eine gute Schweißbarkeit mit den gängigen Verfahren aus [6].

Tabelle 2.1: Chemische Zusammensetzung der AlSi10MnMg-Druckgusslegierung trimal®-05 nach [6].

Massenanteil (%)	Si	Fe	Cu	Mn	Mg	Zn	Ti	andere Elemente
Min.	9,50			0,40	0,10		0,03	
Max.	11,00	0,25	0,05	0,70	0,40	0,07	0,12	0,20

Die chemische Zusammensetzung, wie sie in Tabelle 2.1 aufgeführt ist, ermöglicht durch den Magnesiumanteil eine Wärmebehandlung, die im Automobilbereich in der Regel nach T6, also Lösungsglühen mit anschließendem Abschrecken und Warmauslagern, durchgeführt wird. Dabei werden Dehngrenzen $R_{p0,2}$ von 200 bis 270 MPa, Zugfestigkeiten R_m zwischen 290 und 350 MPa, sowie Bruchdehnungen A von sechs bis 13 % erreicht.

2.2 Verfahren zur Hinterschnitt- und Hohlraumerzeugung im Druckguss

Was den Druckguss so hochproduktiv und deshalb als Verfahren so attraktiv macht, sind die beweglichen Formhälften aus Stahl, die es ermöglichen, innerhalb von Sekunden ein quasi fertiges Werkstück herzustellen, das nur noch geringer Nachbearbeitung bedarf. Gleichzeitig schränken sie aber die maximal erreichbare Geometriekomplexität erheblich ein: Denn schließlich müssen die Bauteile beim Auf- und wieder Zufahren der Werkzeughälften wieder entformt werden können. Daher wird auf verschiedene Arten versucht, komplex hinterschnittige, hohlraumähnliche Strukturen im Leichtmetall-Druckguss prozesssicher abzubilden.

2.2.1 Werkzeug- und prozesstechnische Lösungsansätze

Für die Erzeugung von einfachen und hohlraumähnlichen, mehrachsigen Hinterschnitten im Druckgießprozess gibt es sowohl werkzeugtechnologische als auch prozesstechnische Ansätze, die mit diesem Verfahren abbildbare Geometriekomplexität weiter zu erhöhen.

Schiebertechnologien

Eine industriell weitverbreitete und bewährte Methode zur Erzeugung von Hinterschnitten im Druckguss stellt die Schiebertechnologie dar. Hierbei werden verschiebbar im Werkzeug gelagerte, geometrieabbildende Elemente durch mechanische oder hydraulische Antriebe linear oder auf einer Kurvenbahn geführt, sowie gegebenfalls durch mechanische Umlenkungen aus ihrer linearen Richtung herausbewegt. Mit Hilfe dieser technisch aufwendigen Maßnahmen können Geometrien abgebildet werden, die einfache, in einer Richtung aus der Entformungsrichtung abweichend orientierte Hinterschnitte aufweisen, wie sie durch das alleinige Öffnen und Schließen der Form nicht darstellbar wären. An Grenzen stößt die Schiebertechnologie dann, wenn der entsprechende Schieber aufgrund der abzubildenden Werkzeugpartie oder der durch die Schmelze wirkenden Kräfte so groß wird, dass das Druckgusswerkzeug nicht mehr auf die von der Betrachtung der Schließkraft her ausreichend dimensionierte Druckgussanlage aufgespannt werden kann, sondern der Werkzeugabmessungen wegen eine Maschine größeren Säulenabstands verwendet werden müsste. Beispielhaft ist in Abb. 2.6 die Eingussformhälfte eines Prototypenwerkzeugs für eine sogenannte Gehängeaufnahme des Audi Q7 Nachfolgers gezeigt. Hier wird eine schräg zur Entformungsrichtung liegende Geometrie hinterschnittig abgebildet, die durch die Richtung des Schiebers die Umlenkung der Linearbewegung des Hydraulikaggregates über eine schiefe Ebene erfordert.

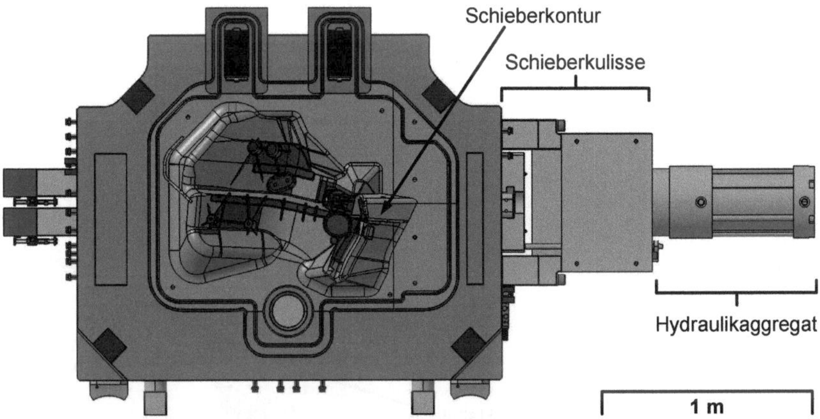

Abbildung 2.6: Komplexer Schieber in der Eingussformhälfte eines Druckgusswerkzeugs für die sogenannte Gehängeaufnahme des Audi Q7 Nachfolgers. Trotz eines geometrisch relativ einfachen und kleinen Hinterschnitts ist die Darstellung der Kontur durch den vorgegebenen Verfahrweg des schweren Schiebers sehr aufwendig und ein großes Hydraulikaggregat für dessen Antrieb notwendig. Zudem schwächt das Einbringen des für den Schieber benötigten Ausschnittes den Formrahmen, weshalb dieser entsprechend größer dimensioniert werden muss.

Durch die erschwerte Kühlung kleiner und schlanker Schieberpartien sind die thermischen Belastungen in diesen Bereichen um ein Vielfaches höher als in der restlichen Kavität. Dies hat einen erhöhten Verschleiß mit entsprechendem Wartungs- und oftmals Austauschaufwand zur Folge und verringert so die Verfügbarkeit der eingesetzten Produktionsmittel. Zusätzlich ist durch die erhöhte Temperaturbelastung des Schiebers an dieser Stelle auch die Wärmeabfuhr aus der Schmelze beeinträchtigt, was in der unmittelbaren Umgebung des Schiebers zu einem vergröberten Gefüge und im schlimmsten Falle zu einer erhöhten Neigung zu Erstarrungsporosität führt. Nicht zu vernachlässigen ist zudem die Verlängerung der Taktzeit des Gießprozesses um die Zeiten, die die hydraulischen Schieber für ihren Verfahrweg benötigen.

Der immerwährend zunehmende Zwang zur Integration von Funktionen in Gussbauteile insbesondere durch hinterschnittige Konstruktionselemente hat nicht zuletzt durch die beherrschte Werkzeugtechnologie die Anwendung von Schiebern einen hohen Verbreitungsgrad erreichen lassen. So werden inzwischen ganze Bauteilpartien und auch geradlinige, medienführende Kanäle durch Schieber in Druckgussbauteilen erzeugt.

Als konsequente Weiterentwicklung der Schiebertechnologie zur Abbildung gerader Kanäle beschreiben Ziegler und Schwab [7] die Technik der schon seit langem im Kunststoffspritzguss verbreiteten Einfallkerne. Dazu sind mehrere äußere, formgebende Segmente um einen konischen Zentralkern herum gruppiert, siehe Abb. 2.7.

Abbildung 2.7: Mechanischer Einfallkern der Firma Föhl, wie er von Ziegler und Schwab [7] beschrieben wird. Die sechs außen liegenden Einfallelemente sind um den zentralen, nach hinten ziehbaren Kern gruppiert.

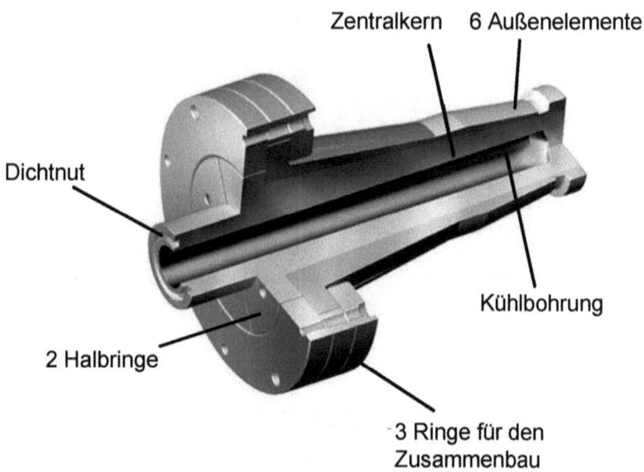

Abbildung 2.8: Skizze des von Ziegler und Schwab [7] beschriebenen Einfallkerns zur Abbildung innenliegender Hinterschnitte. Durch das Zurückziehen des Zentralkerns können die konturabbildenden, außen liegenden Elemente nach innen einfallen und die im Bauteil abgebildete Kontur für die Entformung freigeben.

Mit speziellen Werkzeugen lassen sich so im Kunststoff hinterschnittige Konturen aller Art, wie etwa Innengewinde herstellen, die nicht zwangsentformt werden können. Fährt nämlich der in Abb. 2.8 gekennzeichnete Zentralkern ein, drückt er die außen liegenden Segmente radial nach außen. Der Kern entfaltet sich sozusagen und die Segmente bilden die Positivform der zu gießenden Kontur. Nach der Erstarrung des Bauteils wird der innen liegende Kern gezogen und nimmt dabei die äußeren Segmente mit, so dass diese radial nach innen einfallen und entformt werden können.

Aufgrund der hohen Affinität des Aluminiums zum Werkzeugstahl und der eingeschränkten Möglichkeit zum Aufbringen von Trennmittel auf die das Gewinde abbildenden Werkzeugpartien ist dieses Verfahren bisher den Zinklegierungen vorbehalten.

Gasinjektionsverfahren

Ein aus dem Kunststoffspritzguss entliehenes Verfahren, das insbesondere für die Abbildung schlanker, medienführender Kanäle geeignet scheint, ist das Gasinjektionsverfahren. Hierbei wird nach vollständiger Füllung der Kavität durch die Schmelze ein Wirkmedium, d.h. in der Regel Gas, durch eine Düse in das Druckgusswerkzeug eingeblasen. Der aufgebaute Gasdruck verdrängt den noch flüssigen Anteil eingebrachter Metallschmelze in eine eigens dafür vorgehaltene Überlaufkavität [8].

Besonders geeignet ist diese Verfahrensvariante zur Herstellung einfacher, kreissymmetrischer Kanalgeometrien, wie es beispielhaft in Abb. 2.9 an einem Schnitt eines PKW-Türgriffs dargestellt ist.

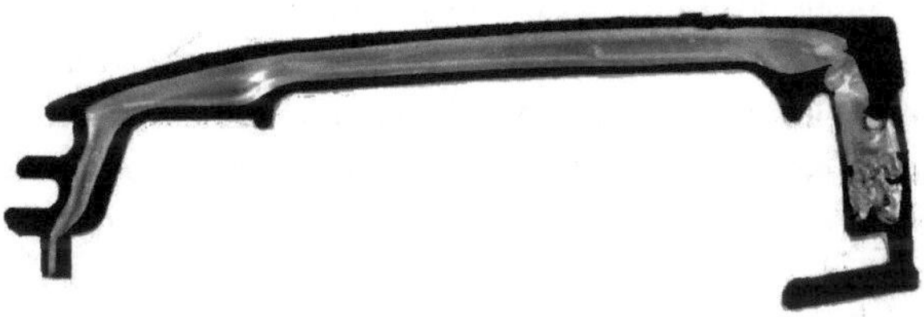

Abbildung 2.9: Schnitt durch einen PKW-Türgriff, nach Kallien [8] hergestellt im Druckguss-Gasinjektionsverfahren. Deutlich erkennbar sind die Wandstärkenunstetigkeiten bei Umlenkungen des Wirkmediums und Verwirbelungen im Gas-anschnittfernen Bereich.

Deutlich sind hier jedoch Unstetigkeiten in den vorhandenen Wandstärken erkennbar, die durch die notwendige Umlenkung des Wirkmediums verursacht werden. Zudem ist die effektive und prozesssichere Wirklänge des eingebrachten Gases begrenzt und führt insbesondere in Bereichen, in denen der Gasdruck nicht mehr vollständig wirksam ist zu Verwirbelungen. Neben den zur Realisierung des Prozesses vermehrten Aufwendungen in der Werkzeugtechnologie ist die Erzeugung komplexer Hohlraum- bzw. Kanalgeometrien, wie etwa für Strukturteile im Fahrzeugbau typische Innenverrippungen, bisher nicht möglich.

Umgießen von Kernen aus Metallschaum und Integralschaumverfahren

Ein vom Leichtbaugedanken getriebenes Verfahren stellt das von Heinrich [9] beschriebene Verfahren von im Druckguss umgossenen Metallschaumkernen dar. Diese Verfahrensvariante erzeugt ein von einer kompakten Außenhaut umgebenes Bauteil mit zellularem Kern, wie es in Abb. 2.10 als Schnitt durch einen Probekörper dargestellt ist. Mit Hilfe dieses Verfahrens ist es möglich, enorm biegesteife Teile, insbesondere für Trägeranwendungen im Fahrzeugbau, zu produzieren.

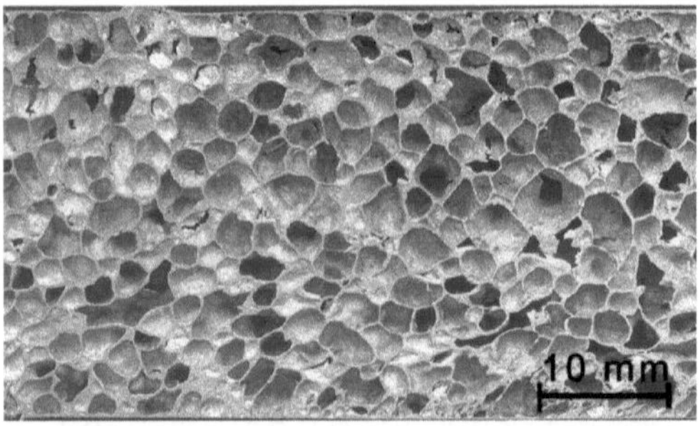

Abbildung 2.10: Querschliff durch eine typische pulvermetallurgisch erzeugte Metallschaumstruktur nach Heinrich [9].

Um die Verkomplizierung des Druckgussprozesses durch einen weiteren Prozessschritt und die mögliche Penetration des Schaumeinlegers durch die Schmelze zu vermeiden, wurde dieses Verfahren zum Integralschaumgießen weiterentwickelt. Hierbei ist es möglich, in nur einem Prozessschritt ein Bauteil mit kompakter Aussenhaut und einem Schaumkern definierter und gleichmäßig verteilter Porosität abzubilden [10–14]. Durch die Gestaltung der erzeugten Zellen als geschlossene Porosität ist die Abbildung von medienführenden Kanälen und hohlen Strukturen mit dieser Variante des Druckgießverfahrens jedoch nicht möglich.

Andere im Bauteil verbleibende Kerne

Eine Verfahrensvariante des Umgießens von Einlegeteilen stellt das von der Firma Drahtzug Stein kommerziell angebotene combicore-System [15] dar. Dieser teils verlorene, teils im Bauteil verbleibende Kern ist für die Abbildung medienführender Kanäle im Druckgussbauteil vorgesehen. Nach Dinger [16] wird für die Herstellung eines solchen Kerns ein Aluminiumrohr mit Natriumchlorid gefüllt und anschließend durch eine Matrize kleineren Durchmessers als der Ausgangsdurchmesser des Rohrs gezogen. Durch diesen Verfahrensschritt verjüngt sich zum einen der Außendurchmesser des Rohres sehr genau auf das angestrebte Zielmaß, zum anderen wird die Salzschüttung im Inneren des Kerns verdichtet. Im Anschluss daran können, je nach geforderter Geometriekomplexität des Kerns, weitere Umformprozesse, wie etwa Biegungen oder Kanalquerschnittsanpassungen, erfolgen. Die Füllung des Rohres mit einem Formstoff, in diesem Falle Salz, verhindert dabei im Druckgießprozess, wie es in Abb. 2.11 anhand eines Bauteilschnitts dargestellt ist, das Kollabieren des Rohres aufgrund der im Werkzeug wirkenden Belastung durch den hydrostatischen Spannungszustand während der Nachdruckphase.

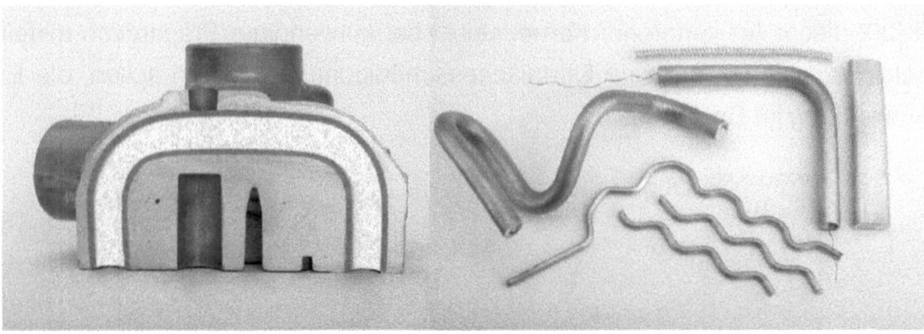

Abbildung 2.11: Das geschnittene Bauteil mit noch nicht ausgespültem combicore-Einlegekern auf der linken Seite verdeutlicht, wie die rechts abgebildeten combicore-Einlegerohre durch die Füllung stabilisiert werden und so Kanäle unterschiedlicher Geometrie herstellbar sind [16].

Die Entformung des Kernformstoffs nach dem Abguss, die üblicherweise mit einem Hochdruckwasserstrahl erfolgt, kann durch eine vorher in das Rohr eingebrachte mechanische Entformungshilfe erleichtert werden. Dazu wird eine Drahtwendel zusammen mit der Salzschüttung eingebracht, die bei ihrer Entfernung, ähnlich einem Räumprozess, einen Teil des Formstoffs aus der Rohrgeometrie mechanisch entfernt.

Einen ähnlichen, allgemeineren Ansatz verfolgen Ilzhöfer und Salkic [17] mit einem umhüllten Kern. Hierbei wird ein vorher in seiner Geometrie definierter Kern aus einem Kernformstoff ganz oder teilweise in einem weiteren Prozessschritt von einer Metallfolie eingehüllt, um die mechanische Beständigkeit der Kerngeometrie gegen die im Druckgussprozess wirkenden Belastungen zu erhöhen.

2.2.2 Verlorene Kerntechnologien

Neben Salz als Formstoff für das Druckgießverfahren geeignete, verlorene Kerne, deren Anwendung im Kapitel 2.3.2 beschrieben wird, sind andere Kernsysteme aus der Literatur bekannt. Die Spezifika zu einer potentiellen Verwendung des jeweiligen Kernmaterials sind nachfolgend beschrieben.

Sandkerne

Die Verwendung von Sandkernen mit herkömmlichen und speziellen Bindersystemen auf Aluminiumphosphat-Basis für die Abbildung von hohlraumähnlichen Geometrien im Druckguss wird in den Patenten von Mögling [18] und Page [19] geschildert. Aufgrund der starken Penetration der Kernoberfläche durch die Schmelze sowie von Ausbrüchen des Formstoffes, die zu nichtmetallischen Einschlüssen wie in Abb. 2.12 führen, sprechen Kugel und Bührig-Polaczek [20] dieser Art verlorener Kerne, selbst bei aufwendiger Präparation mittels komplexer Schlichtesysteme, die eine Oberflächenschädigung verhindern sollen, die Eignung für die Anwendung im Druckguss ab.

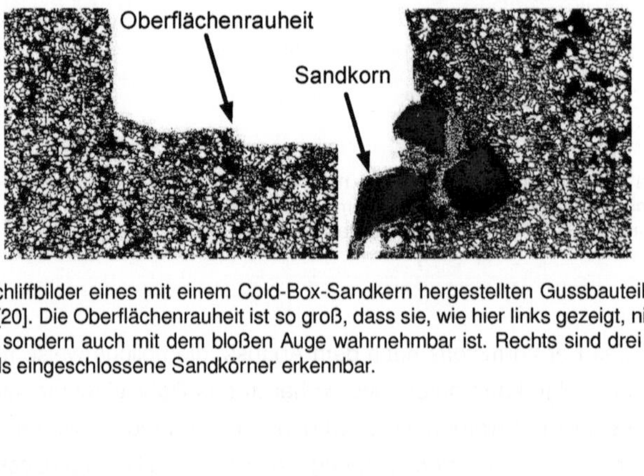

Abbildung 2.12: Schliffbilder eines mit einem Cold-Box-Sandkern hergestellten Gussbauteils nach Kugel und Bürig-Polaczek [20]. Die Oberflächenrauheit ist so groß, dass sie, wie hier links gezeigt, nicht nur unter dem Lichtmikroskop, sondern auch mit dem bloßen Auge wahrnehmbar ist. Rechts sind drei in die Oberfläche des Gussbauteils eingeschlossene Sandkörner erkennbar.

Kerne aus Keramikfaser

Die Möglichkeit der Verwendung von Keramikfaserkernen wird von Kugel und Bürig-Polaczek [20] aufgegriffen. In Versuchen stellten sie aus Aluminium- und Siliziumoxidfasern verlorene Gießkerne als Vakuumformteile mit anschließender mechanischer Bearbeitung her. Nach einem Härteprozess mit Kieselsäure und der Aufbringung einer keramischen Schicht wiesen die Kerne eine Dichte von 0,5 g cm^{-3} auf.

In Gießversuchen mit einer vergleichsweise geringen Anschnittgeschwindigkeit von 3 m s^{-1} und einem ebenso niedrigen Nachdruck von 60 bar wurden in Schnitten durch das Gussteil Verformungen des Kerns beobachtet und deshalb auf dessen zu geringe Festigkeit geschlossen.

Abbildung 2.13: Schnitt durch ein mit eingegossenem Keramikfaserkern hergestelltes Gussteil nach Kugel und Bürig-Polaczek [20]. Deutlich sind der durch den Kern bedingte Makrolunker und die Kernverformung erkennbar.

Glaskerne

In Rahmen eines Verbundprojekts der Universität Ilmenau berichten Raab et al. [21] über die Verwendung von verlorenen Kernen aus Glas zur Darstellung von Hinterschnitten und hohlraumähnlichen Konturen.

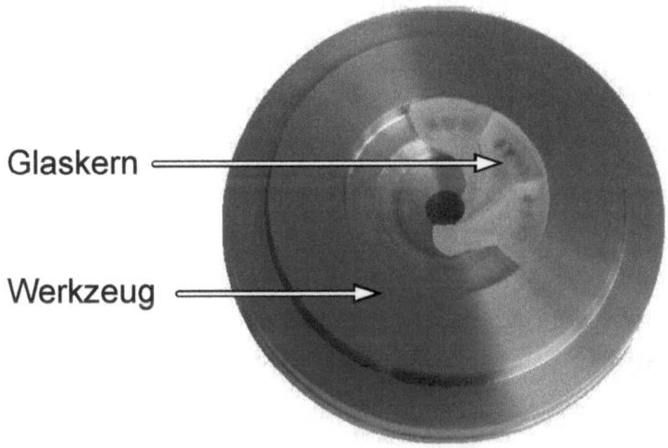

Abbildung 2.14: Glaskerne und das entsprechende Druckgusswerkzeug zur Abbildung eines Flügelrades nach Raab et al. [21]

Abbildung 2.15: Mit Hilfe von Glaskernen im Druckguss hergestelltes Flügelrad mit einem Durchmesser von 50 mm nach Raab et al. [21].

Zwar bildeten diese in Abb. 2.14 gezeigten Kerne die Geometrie erfolgreich mit einer sehr geringen Oberflächenrauheit ab, siehe Abb. 2.15, doch begrenzt bisher das durch die unterschiedlichen thermischen Ausdehnungskoeffizienten bedingte, bis zu dessen Rissbildung erfolgende Aufschrumpfen des Bauteils auf den Gießkern die Anwendbarkeit des Verfahrens in einem industriellen Maßstab. Neben der Erfordernis und Problematik der Verwendung organischer Säuren als Lösungsmittel für das Herauslaugen des Kerns lassen die langen erforderlichen Entkernungszeiten, bedingt durch die Kernmasse und die Entfernung mittels einer rein chemischen Reaktion, das Verfahren unwirtschaftlich werden.

Um der langen Dauer des Auslösens zu begegnen, beschreiben Raab und Hülsenberg [22] die Herstellung hohler Glaskerne. Zwar lassen sich prinzipiell Aluminiumdruckgussteile mit Hilfe dieser hohlen Glaskerne darstellen, doch gestaltet sich die Verarbeitung der Glasschmelze und die Herstellung von Glaskernen daraus als sehr aufwendig. Die in Großserie realisierbare Herstellung von Glashalbschalen mittels Pressen bedingt darüber hinaus einen weiteren Prozessschritt, da die Hälften anschließend verklebt werden müssen.

Metallische Ausschmelzkerne

Niedrig-schmelzende Legierungen werden nach Haldenwanger und Stich [23] im Leichtmetall-Druckguss als metallische Ausschmelzkerne umgossen und mittels eines dem Druckguss nachgelagerten Temperaturprozesses ausgeschmolzen. Sowohl hohen Anschnittgeschwindigkeiten als auch hohen Drücken kann das System aufgrund der vergleichsweise hohen Festigkeit des metallischen Kernmaterials widerstehen. Ein feinkörniges Gefüge wird durch die enormen erreichbaren Abkühlgeschwindigkeiten hervorgerufen.

Kugel und Bürig-Polaczek [20] schildern die Problematik der Verwendung von zinnbasierten Kernen im Magnesiumdruckguss, da diese bereits während der Formfüllung an- und zum Teil aufschmelzen. Für einen industriellen Prozess wird dieses Verhalten des Kernmaterials als nicht tolerabel bewertet.

Abbildung 2.16: Röntgenbilder eines Gussteils aus AlSi9Cu3 mit eingedrungenem Kernmaterial nach Kugel und Bürig-Polaczek [20]. Links ist der metallische Kern noch nicht ausgeschmolzen. Zu erkennen sind einzelne Bereiche, in denen lokal aufgeschmolzenes Kernmaterial auch entgegen der Schwerkraft in das Gussteil gelangt. Auf der Rechten ist der Kern ausgeschmolzen. Hier wird ersichtlich, dass das Kernmaterial bis in den Anschnitt- und Gießlaufbereich in das Gussteil eindringt.

Die parallel von Kugel und Bürig-Polaczek [20] betrachtete Verwendung zinkbasierter Kerne führt aufgrund des starken Unterschieds der thermischen Ausdehnung von Guss- und Kernwerkstoff zu einer starken Warmrissneigung im Gussteil. Als größte Herausforderung wird jedoch die starke Neigung zum Auflegieren des Bauteils durch Kernmaterial im Kontaktbereich mit der Gusslegierung beschrieben. Bei Versuchsteilen aus AlSi9Cu3, siehe auch Abb. 2.16 konnte das Kernmaterial nicht nur im direkten Randbereich, sondern auch in abgeschlossenen Lunkern und Poren sowie, in Abb. 2.17 dargestellt, flächig im Gussteil verteilt radiographisch nachgewiesen werden.

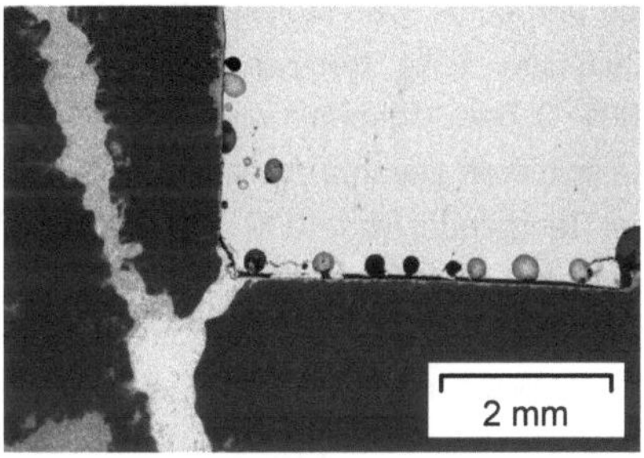

Abbildung 2.17: Gefüge eines mit einem metallischen Ausschmelzkern hergestellten Gussteils nach Kugel und Bürig-Polaczek [20]. Das aufgeschmolzene Kernmaterial legiert den Gusswerkstoff auf, so dass Bestandteile beider untersuchter Legierungen in Bereichen des Gussteils nachgewiesen werden konnten.

Aufgrund der Möglichkeit zur Einsparung von Kernmaterial wurden von Kugel und Bürig-Polaczek [20] auch metallische Hohlkörpereinlagen untersucht. Da diese sich bei zu gering gewählter Wandstärke bereits bei geringen Nachdrücken verformen, sind sie allerdings für die Realisierung von Leichtbaustrukturen nicht geeignet.

2.3 Salzkerntechnologie für die Anwendung im Leichtmetalldruckguss

Für ein besseres Verständnis der im Druckgussprozess bei der Verwendung von verlorenen Salzkernen beobachtbaren Phänomene ist die Kenntnis der mechanischen Eigenschaften des verwendeten Salzsystems von entscheidender Bedeutung. Im Folgenden wird deshalb sowohl hierauf als auch auf die in der Literatur beschriebenen Einsatzzwecke salzbasierter Kernsysteme eingegangen.

2.3.1 Physikalische Eigenschaften des Natriumchlorids

Der Ionenkristall Natriumchlorid, NaCl, im allgemeinen Sprachgebrauch als Speisesalz bekannt, ist ein überall verfügbares, kostengünstiges Gebrauchsgut. Als Grundvoraussetzung allen Lebens wird es weltweit in natürlichen Lagerstätten untertage als Mineral Halit abgebaut und als Hauptbestandteil gelöster Festkörper aus Meerwasser gewonnen.

Physikalisches und mechanisches Verhalten

NaCl existiert in der Natur als kubisch flächenzentrierte Kristallstruktur und ist in reiner Form sowohl farb- als auch geruchlos. Das Molekulargewicht beträgt 58,44 u mit Anteilen von 60,7 Gew.-% Cl und 39,3 Gew.-% Na. Der Schmelzpunkt beträgt an atmosphärischem Druck nach Feldman [24] 801 °C, der Siedepunkt wird bei 1413 °C erreicht. Nach Fizeau [25] weist Natriumchlorid einen mittleren linearen thermischen Ausdehnungskoeffizienten von $\alpha_{NaCl} = 40,4 \cdot 10^{-6}$ bei einer Temperatur von 40 °C auf. Voigt [26] bestimmte den über alle Richtungen im Kristallgitter gemittelten E-Modul zu 35,7 GPa. Die Löslichkeit in Wasser ist bereits bei geringen Temperaturen mit 375 g kg^{-1} vergleichsweise hoch und steigt mit der Temperatur, so dass bei 100 °C Wassertemperatur nach Feldman [24] 391 g kg^{-1} gelöst werden können.

Natriumchlorid verhält sich oberhalb einer kritischen relativen Luftfeuchte von 75,3 % bei 20 °C Umgebungstemperatur hygroskopisch, nimmt also Wasser aus der umgebenden Atmosphäre auf. Einzelne Salzkristalle können dabei, speziell bei Kristallen großer Oberfläche im Vergleich zu ihrem Volumen, so viel Feuchtigkeit anziehen, dass sich flüssige Salzlösung auf der Kristalloberfläche bildet. Wird die relative Luftfeuchte wieder unter den kritischen Wert gesenkt, so verdampft das Wasser, was in Folge dessen zu Rekristallationsprozessen an der Oberfläche führt. Dieses Phänomen lässt sich nach Feldman [24] aufgrund der hierbei entstehenden starken Bindungen in Form von Brückenbindungen und unkontrollierter Agglomeration von Kristalliten beobachten. Reines, einkristallines Natriumchlorid weist nach Gmelin [27] eine Dichte von ρ_{NaCl} = 2,16 g cm^{-3} und nach Lohkämper [28] eine Querkontraktionszahl von $\nu_{NaCl} = 0,16$ auf.

Mechanische Besonderheiten polykristalliner Körper aus NaCl

Neben den durch das Ionengitter hervorgerufenen Eigenschaften und Verformungsmechanismen, sind nach Rutter [29] und nach Spiers [30] bei der plastischen Verformung noch zwei weitere, zeitunabhängige Mechanismen zu beachten, die von der granularen Natur der Steinsalzgefüge herrühren:

- Partikelumlagerung führt dazu, dass die Partikel des granularen Steinsalzes bei mechanischer Belastung eine Umorientierung in eine dichtere Lage erfahren.
- Unter dem kataklastischen Fließen werden Korn- und Partikelbrüche sowie Korngrenzengleiten und Kornrotation zusammengefasst.

Nach Ellinger [31] wird bei Korn- und Partikelbruch die Belastungsgrenze erreicht, indem bei Steinsalz die ionischen Bindungskräfte überwunden werden sowie Partikel und Körner auseinanderbrechen.

Beim Korngrenzengleiten hingegen wird nach Ellinger [31] das Gefüge so stark belastet, dass nicht nur Versetzungen erzeugt werden, sondern Körner aneinander vorbeigleiten. D.h. bei sehr hohen Deformationsgeschwindigkeiten werden die Spannungen nicht mehr durch die Bildung von Versetzungen abgebaut, sondern bewirken ein Gleiten der Körner aneinander, indem die Coulombsche Reibung überwunden wird. Bei der Kornrotation verändern Körner und Partikel ebenfalls ihre Lage zueinander durch die gleichen Mechanismen wie beim Korngrenzengleiten, doch wird hier die Lage zueinander durch einen Rotationswinkel bestimmt. Das Korngrenzengleiten wird als rein translatorische Verschiebung beschrieben.

Eine bei Gesteinen auftretende Besonderheit ist nach Rutter [29] der Mechanismus der Drucklösung. Grundlegende treibende Kraft ist hierbei die primäre Erhöhung des chemischen Potentials der Festkörperphase durch mechanische Einwirkung und Materialtransport der Festkörperkomponenten. Der Materialtransport selbst erfolgt infolge eines Gradienten des chemischen Potentials innerhalb des Gefüges. Im Unterschied zur Oberflächen- und Volumendiffusion setzt dieser Mechanismus die Anwesenheit eines Fluids voraus, entweder als adsorbierter Wasserfilm oder als ein mit der Festkörperkomponente gesättigtes Fluid. So kann Rekristallisation des Gefüges infolge partieller Auflösung und Kristallisation an mechanisch gering belasteten Stellen im Gefüge auftreten.

Bei mechanischer Belastung der Festkörpermatrix aus NaCl bzw. Steinsalz ergibt sich nach Ellinger [31] infolge unterschiedlicher Korngrößen und Lückengrade ein räumlich heterogener Spannungszustand in der Matrix. Durch diesen Spannungszustand wird sich eine ebenfalls anisotrope Verteilung des chemischen Potentials von NaCl im Festkörper und in der Oberfläche ergeben. Der Festkörper ist dabei mit gesättigter Salzlösung in Kontakt. Durch die Erhöhung des chemischen Potentials sowohl des Festkörpervolumens wie auch der Festkörperoberfläche gegenüber dem weiterhin konstanten chemischen Potential der NaCl-Lösung wird sich die Festkörperphase auflösen und die bis dahin gesättigte NaCl-Lösung übersättigen. Es findet also Auflösung des Festkörpers infolge der mechanischen Belastung statt.

Die übersättigte Lösung gelangt nach Renard [32] durch diffusive und konvektive Prozesse an Stellen der Festkörperoberfläche, an denen das chemische Potential von NaCl geringer ist als das der Lösung. Das geschieht an ausgezeichneten Stellen, an denen das Volumen bzw. die Oberfläche einen insgesamt niedrigeren Spannungszustand besitzt als in den belasteten Gebieten, es findet dort also Kristallwachstum statt, siehe Abb. 2.18.

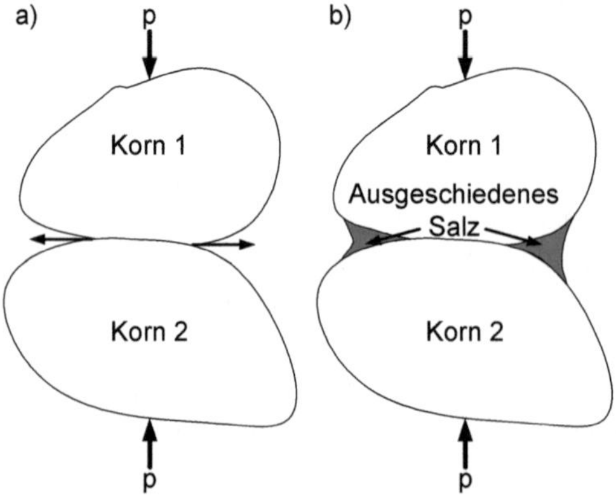

Abbildung 2.18: Schematische Darstellung des durch den Mechanismus der Drucklösung bedingten Stofftransports nach Nenna [33]; in (a) erfolgt Auflösung und Korndurchdringung in Regionen hoher lokaler Spannungen und in (b) eine Wiederausscheidung des Materials augrund hier herrschender, geringerer lokaler Spannungen.

Die treibende Kraft beim Auflösungsmechanismus der Drucklösung ist nach Ellinger [31] eine Spannungsüberhöhung im Kontaktbereich zweier Körner, die abhängig ist von deren Geometrie und dem von außen auf das Gefüge wirkenden Spannungszustand. Die makroskopisch treibende Kraft bei hydrostatischer, kompressiver Last ist dabei die äußere hydrostatische Spannung. Der resultierende Fluss ist bei intrinsischer Betrachtung ein Stoffstrom des aufgelösten Materials, der die aufgelösten Spezies gegen den Konzentrationsgradienten in der Lösung transportiert. Allerdings wird durch die Auflösung das Material geschwächt, sodass eine Deformation des äußeren Volumens durch Zusammendrücken der Körner stattfindet.

Für die Verdichtung nasser Pulver dominiert nach Spiers [30] der Mechanismus der Drucklösung bei geringen Drücken bis etwa 4 MPa sowie Temperaturen im Bereich von 20 °C bis 90 °C. Bei höheren Drücken wird die makroskopische Verformung durch einen von Plastizität überlagerten Lösungs-Transportmechanismus getrieben. Gleichzeitig finden allerdings auch hier schon oben aufgeführte kataklastisches Fließen und Korngrenzengleiten statt.

Sinterverhalten von NaCl

Die beim Sinterprozess ablaufenden Vorgänge sind für die erreichbare Festigkeit und Dichte des zu sinternden Körpers von entscheidender Bedeutung. Da ein in dieser Arbeit verwendetes Kernsystem einen Sinterprozess erfährt, sollen hier grundlegende Zusammenhänge des Sinterverhaltens von NaCl festgehalten werden.

An eine vorausgehende Verdichtung schließt sich bei der Herstellung keramischer und pulvermetallurgischer Formkörper in der Regel ein Sinterprozess an, der sowohl die Dichte im Prozess maximieren als auch die angestrebte Festigkeit erzielen soll. In einem mehrstufigen Prozess bei erhöhter Temperatur laufen nach Ilschner und Singer [34], ausgehend von einem porösen Festkörper, mehrere Prozesse ab, die zu einem Stofftransport führen:

- Oberflächendiffusion
- Volumendiffusion über Leerstellen
- Verdampfen und Kondensieren

Das Sinterverhalten von Natriumchlorid wird vornehmlich vom Mechanismus Verdampfen-Kondensieren dominiert, was im Gegensatz zum Mechanismus der Volumendiffusion nicht zu einer Verdichtung führt [35–40].

Sowohl Thompson [38] als auch Goodall [40] beschreiben die starke Abhängikeit des Sinterverhaltens von der Teilchengröße. So erfolgt der Sintervorgang bei kleineren Korngrößen vornehmlich durch Volumendiffusion. Bei Korngrößen $\geq 150\,\mu m$ dominiert dagegen der Mechanismus Verdampfen-Kondensieren, was infolgedessen zu keiner zusätzlichen Verdichtung beim Sintervorgang führt.

Sata [39] beschreibt weitergehend sogar eine Expansion der von ihm betrachteten zylindrischen Probekörper während des Sinterprozesses von NaCl-Pulvern mit Korngrößen von 2-3 μm, die bei Pressdrücken von mehr als 60 MPa sowohl uniaxial als auch kalt-isostatisch zu relativen Dichten zwischen 85 % und 95 % verpresst wurden. Die maximale Expansion wurde hierbei bei einer Sintertemperatur von 600 °C zu 0,5 % bestimmt.

2.3.2 Herkunft und Anwendung der Salzkerntechnologie

Ihren Ursprung hat die Salzkerntechnologie in der Kolbenfertigung für Verbrennungsmotoren. So beschreibt Anderko [41] schon gegen Ende der sechziger Jahre des 20. Jahrhunderts die Möglichkeit, einen Kern aus gepresstem Salz zur Abbildung eines sogenannten

Ringkühlkanals in Dieselkolben zu verwenden. Hintergrund waren die steigenden Leistungen von Dieselmotoren sowie technologische Probleme beim bisher verwendeten Verfahren, dem Eingießen von Stahlrohren in die Kolben, sowie der vergleichsweise schlechte Wärmeübergang in das Kühlmedium aufgrund des Spaltes zwischen Rohr und Kolbengrundwerkstoff.

Der Einsatz des Salzkerns ermöglicht in diesem Prozess die endkonturnahe Darstellung einer stark hinterschnittigen Kontur ohne zusätzliche Bauteile und Werkstoffe. Der Kanal wird mit geringer Oberflächenrauheit erzeugt und garantiert, bedingt durch die starken Beschleunigungen während des Motorenbetriebs, durch die konstante Zufuhr von Schmierstoff aus den im Gehäuse angebrachten Spritzöldüsen, eine zuverlässig hohe Wärmeabfuhr aus dem Kolben.

2.3.3 Herstellverfahren und Systeme

Bei der Herstellung der für den Druckguss geeigneten Salzkerne lassen sich grundsätzlich zwei Verfahren unterscheiden. Zwar werden, vor allen Dingen in der bekannten Patentliteratur gepresster Gießkerne, weitere Verfahrensvarianten diskutiert, doch wird hier meist eine produktspezifische Anpassung des Bindersystems vorgenommen. So nennt Laudenklos sowohl die Möglichkeit der Verwendung von Proteinen [42] als auch von Phosphaten [43] als Bindersystem für salzbasierte Kerne. Brown und Robinson [44] hingegen ersetzen in ihrer Idee den Formstoff Sand durch Salz bei Beibehaltung eines konventionellen Cold-Box-Binders für druckgussgeeignete Kerne.

Ein Verfahren, das gerade im letzten Jahrzehnt an Bedeutung gewann, ist die Darstellung druckgussgeeigneter Salzkerne durch Verarbeitung im flüssigen bzw. teilflüssigen Zustand. So berichten sowohl Yaokawa et al. [45] als auch Yamada et al. [46] von Salzkernen für den Druckguss, die sich durch naheutektische Zusammensetzungen von Haliden und Carbonaten auszeichnen. Diese werden in einem an den Druckguss angelehnten Verfahren verarbeitet und bieten dementsprechend den Vorteil größerer geometrischer Gestaltungsfreiheit gegenüber gepressten und gesinterten Kernen. Dem steht eine höhere Verarbeitungstemperatur gegenüber, die bei der Prozessführung zu berücksichtigen ist. Die so erzeugbaren Geometrien sind in den erreichbaren Komplexitäten und Wandstärken eingeschränkt, da die Salze im Vergleich zu metallischen Werkstoffen, hohe Erstarrungsschrumpfungen und thermische Ausdehnungskoeffizienten aufweisen. Starke Verzüge in Verbindung mit der geringen Bruchdehnung keramischer Werkstoffe lassen dickwandige und stark verripte Konturen wegen des ansonsten durch die Schwindung erfolgenden Bruchs des Kernmaterials nicht zu. Einen derartigen Riss im Innern eines gegossenen Salzkerns, der durch die Erstarrungsschrumpfung hervorgerufen wurde zeigt Abb. 2.19. Eine weitere sichtbare Auswirkung der thermischen Dehnung ist die Ausbildung von Einfallstellen bei entsprechend hohen Wandstärken des Salzkerns.

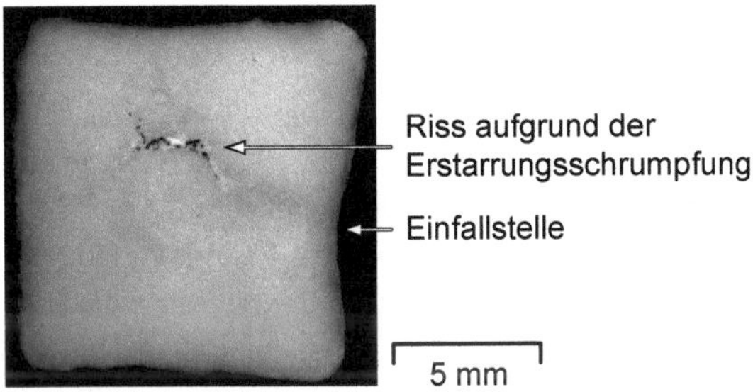

Abbildung 2.19: Gegossener Gießkern aus KCl-80 mol%K_2CO_3, nach Yaokawa et al. [45]. Die hohe thermische Dehnung des Salzes führt zu der dargestellten Einfallstelle auf der Außenseite und dem Riss im Innern.

Eine ähnliche Verfahrensvariante, die im vollständig schmelzflüssigen Aggregatzustand des Salzes erfolgt, beschreiben sowohl Flessner und Marr [47] als auch Scheydecker [48]. Hier wird bei der Erstarrung des Salzes, ähnlich dem eigentlichen Druckguss, ein Nachdruck aufgebracht, der thermische und erstarrungsbedingte Schwindung kompensieren soll. Ein druckloses Verfahren wird durch Anzai et al. [49] beschrieben. Die verwendete Form in die abgegossen wird ist hier auf Temperaturen zwischen 50 % und 70 % des Schmelzpunkts der schmelzflüssigen Salzmischung vorgeheizt.

Der verfahrensbedingte Nachteil der hohen Verarbeitungstemperatur wird von Tilch [50] aufgegriffen und begründet, dass die bedeutendste Verfahrensvariante für die Herstellung von druckgussgeeingenten Salzkernen die Darstellung durch Pressen und Sintern ist. Diese Herstellungsmethode beschreibt beispielhaft Grötzinger [51] zur Herstellung wasserlöslicher Salzkerne für die Anwendung im Druckguss.

Bei der Anwendung der Salzkerntechnologie im Druckguss lässt sich trotz der möglichen Vielfalt zur Darstellung komplexer Hohlräume [52–54] und Verfahrensvarianten [55–57] ein technologischer Schwerpunkt ausmachen. Schäfer [58], Beer et al. [59], Yaokawa et al. [60, 61], Masuo et al. [62] und Ackerman und Aula [63] beschreiben allesamt die Darstellung eines Zylinderkurbelgehäuses im Closed-Deck-Design im Leichtmetall-Druckguss mit Hilfe eines Salzkerns, der einen hohlräumähnlichen Hinterschnitt abbildet.

Dagegen schildert Michels [64] unabhängig von Herstellungsverfahren und Geometrie eine gute Eignung von Salzkernen für sämtliche druckbeaufschlagte Gießprozesse. Padovan et al. [65] gehen über die Eignung der Technologie für den Gießprozess hinaus und erwähnen die Möglichkeit der Einflussnahme auf die Mikrostruktur und dementsprechend die mechanischen Eigenschaften von Druckgussbauteilen durch die, gegenüber der Druckgussform anderen, thermischen Eigenschaften des verlorenen Salzkerns.

2.3.4 Variierter Druckgussprozess

Der konventionelle Druckgussprozess wird durch den Einsatz von verlorenen Salzkernen durch drei Verfahrensschritte verändert respektive erweitert. Wie in Abb. 2.20 grafisch dargestellt, ist es vor dem Schließen der durch einen Sprühprozess gekühlten Formkontur notwendig, den Kern auf die Kernmarken im Druckgusswerkzeug zu positionieren. Dabei muss der Kern zur Vermeidung auf der Kernoberfläche anhaftender Luftfeuchtigkeit auf mindestens 100 °C vorgeheizt werden.

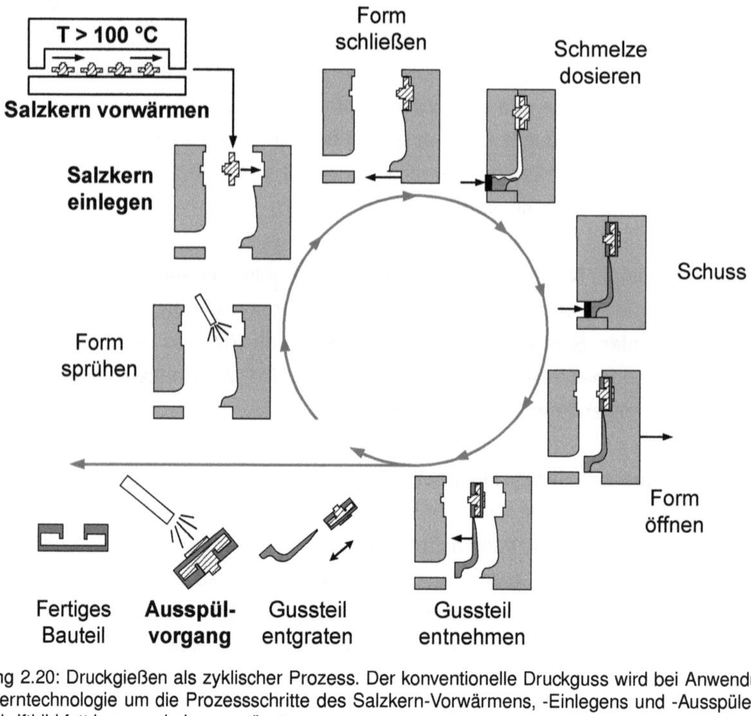

Abbildung 2.20: Druckgießen als zyklischer Prozess. Der konventionelle Druckguss wird bei Anwendung der Salzkerntechnologie um die Prozessschritte des Salzkern-Vorwärmens, -Einlegens und -Ausspülens, hier im Schriftbild fett hervorgehoben, ergänzt.

Desweiteren ist nach dem Entgraten zur Fertigstellung des Bauteils ein Ausspülvorgang erforderlich. Dies geschieht mittels eines Hochdruckwasserstrahls, um den Salzkern zu zertrümmern sowie die Salzfracht rückstandsfrei aus der Kontur zu entfernen.

Der gegenseitigen Anpassung der Abmessungen von Kernmarke und dem Salzkern selbst kommt hierbei eine enorme Bedeutung zu, da sowohl das Druckgusswerkzeug ein komplexes, behindertes Ausdehnungsverhalten zeigt, als auch der Kern eine hohe thermische, zudem dichteabhängige, Ausdehnung aufweist.

2.4 Grundlagen und Aussagen von Gießsimulationen

Die Anwendung der Gießsimulation, insbesondere als Bewertungsmethode für die Formfüllung ist nach Verran [66] inzwischen ein unverzichtbarer Bestandteil der Prozesskette im Leichtmetalldruckguss. Im Folgenden wird deshalb ein Überblick über die bisher aus Gießsimulationen gewonnenen Erkenntnisse gegeben sowie die Grundlagen der in dieser Arbeit verwendeten Methodik beschrieben.

Neben der numerischen Abbildung der Formfüllung gehört nach Rosindale und Davey [67] die Berechnung des Wärmeübergangs während der Formfüllphase zur Vorhersage der Temperaturverteilung in der Schmelze sowie eine Betrachtung des Wärmehaushalts in der Gießkammer zur Vorhersage der Vorerstarrung, wie sie Helenius et al. [68] beschreiben, zu den Standardverfahren in der Gießsimulation.

Einen Schritt weiter gehen Ahuett-Garza und Miller [69] und bewerten den Einfluss der während eines Gießzyklus in das Gießwerkzeug eingebrachten Wärmemenge auf die stattfindende Verformung der Kavität.

Numerische Berechnungen, die der Verbesserung der Qualität der Gussteile dienen, sind weit verbreitet. So beschreiben Verran et al. [66] eine simulationsgestützte Bewertung der Einflüsse der Gießparameter auf in Gussteilen auftretende Defekte. Lee et al. [70] führen eine wissensbasierte Optimierung des Angusssystems anhand von Formfüllsimulationen durch, um die Füllung der Kavität zu verbessern. Eine Betrachtung der in der ersten Phase des Druckgießprozesses vorherrschenden Strömungsverhältnisse in der Gießkammer nach Hilbinger et al. [71] dient in ähnlicher Weise der Verringerung eingewirbelter Gase durch ein Schwappen der Schmelze. Die Optimierung des ganzen Gießprozesses setzen sich Yarlagadda und Chiang [72] unter Zuhilfenahme neuronaler Netze zum Ziel.

Neben der Betrachtung des Gussteils rücken vermehrt die Druckgusswerkzeuge in den Fokus der Simulation. Mit stetig dünnereren zu füllenden Geometrien und kürzeren Entwicklungszeiten gefährdet der Verschleiß an Druckgussformen aufgrund der großen damit einhergehenden Investitionen die Wirtschaftlichkeit und Prozessstabilität des Verfahrens. Domkin et al. [73] bilden deshalb die durch die chemische Affinität des Aluminiums an Eisen hervorgerufene Erosion simulationsgestützt ab, um eine erhöhte Formenstandzeit zu realisieren.

Da hohe Anschnittgeschwindigkeiten und Nachdrücke während der Erstarrung typisch für das Druckgießverfahren sind, ist es von besonderer Bedeutung die während der Formfüllung auf einen verlorenen Kern wirkenden Kräfte zu bestimmen. Sowohl die Herstellung der Kerne als auch der Druckgießprozess selbst erfordern enorm kostenintensive Werkzeugtechnologien, die eine teure und zudem zeitaufwendige, experimentell durchgeführte Findung geeigneter Prozessparameter ausschließen.

Hier setzen gekoppelte Füll- und Finite-Element(FEM)-Simulationen an, die in der Lage sind, vorauszusagen, ob die vorhandene Kombination aus verlorenem Kern, Druckgusswerkzeug und Parameterauslegung in einem stabil realisierbaren Prozessfenster liegen; sprich, ob das Überleben des Kerns im Gießprozess sichergestellt werden kann. Im Folgenden wird dazu das Prinzip der Fluid-Struktur-Interaktion, abgeleitet vom englischen Fluid-Structure-Interaction (FSI), angewendet, um numerisch Wechselwirkungen zwischen Fluiden und Festkörpern zu quantifizieren. Bisher kommen diese FSI-Methoden vor allen Dingen im Bauingenieurwesen zum Einsatz. So bestimmen Hur et al. [74] mit diesem Ansatz die auf künstliche Küstenstrukturen wirkenden Belastungen. Hojjat et al. [75] und auch Takizawa et al. [76] betrachten den Einfluss des Windes bei der Auslegung von festen und bewegten Geometrien und Wang und Tay [77] bilden das Schwimm- und Auftriebsverhalten großer Flöße mit Hilfe der FSI ab.

Die genannten Anwendungsbeispiele für den Einsatz der FSI betrachten allesamt den Einfluss laminarer Strömungen. Eine Betrachtung der dynamischen und hochgradig turbulenten Strömungsbedingungen im Druckgussprozess, wie etwa die Anwendung verlorener Kerne im Druckguss wird simulationsgestützt bisher nur von Fuchs et al. [78] durchgeführt.

2.5 Kennwertbasierte Beurteilung von Oberflächen

Aufgrund der beim Abguss von Werkstücken mit Salzkern entstehenden, mitunter deutlich ausgeprägten Oberflächenrauheit auf durch den Salzkern abgebildeten Bauteilwand wird im Folgenden auf die Grundlagen der Ermittlung quantitativer Größen zur Charakterisierung von Bauteiloberflächen eingegangen.

Alle realen Werkstückoberflächen weisen bedingt durch ihre Herstellung und die damit verbundenen Fertigungsverfahren eine Abweichung von ihrer idealen geometrischen Gestalt auf. Diese Gestaltabweichungen charakterisieren die Güte einer technisch dargestellten Oberfläche und werden von der DIN 4760 [79] in sechs unterschiedlichen, sich zum Teil überlagernden, Ordnungen erfasst. Die wichtigsten Gestaltabweichungen stellen hier in der Regel, wie es in Abb. 2.21 zusammengefasst ist, die Formabweichung, die Welligkeit und die Rauheit dar. Darüberhinaus existieren zwar noch zwei Ordnungen, fünf und sechs, die in der Größenordnung des Werkstoffgefüges auftreten, allerdings sind diese nicht mehr in einfacher Weise bildlich darstellbar.

Gestaltabweichung	Beispiele für die Art der Abweichung	Beispiele für die Entstehungsursache
1. Ordnung: Formabweichung 	Ebenheits-, Geradheits-, Rundheits-, abweichung	Fehler in den Führungen der Werkzeugmaschine, Durchbiegung der maschine oder des Werkstücks, falsche Einspannung des Werkstücks, Härteverzug, Verschleiß
2. Ordnung: Welligkeit 	Welligkeit (siehe DIN 4761)	Außermittige Einspannung oder Formfehler des Fräsers, Schwingungen der Werkzeugmaschine oder des Werkzeugs
3. Ordnung: Rauheit 	Rillen (siehe DIN 4761)	Form der Werkzeugschneide, Vorschub oder Zustellung des Werkzeugs
4. Ordnung: Rauheit 	Riefen, Schuppen, Kuppen (siehe DIN 4761)	Vorgang der Spanbildung (Reiß- oder Scherspan, Aufbau-Schneide), Werkstoffverformung durch Sandstrahlen, Knospenbildung bei galvanischer Behandlung

Abbildung 2.21: Ordnungssystem für die Gestaltabweichungen gemäß der DIN 4760 [79]

Für die Erfassung einer Oberfläche wird diese nach der DIN EN ISO 11562 [80] in verschiedene Profile eingeteilt. Das ungefilterte Primärprofil, P-Profil, wird so in die Rauheit, R-Profil, und Welligkeit, W-Profil, aufgeteilt. Wie in Abb. 2.22 schematisch dargestellt, werden zur quantitativen Erfassung der Oberflächenbeschaffenheit Rauheits- und Welligkeitsparameter aus einem gefilterten Profil errechnet. Die Primärparameter dagegen stammen aus den gemessenen, ungefilterten Daten der Oberflächenerfassung.

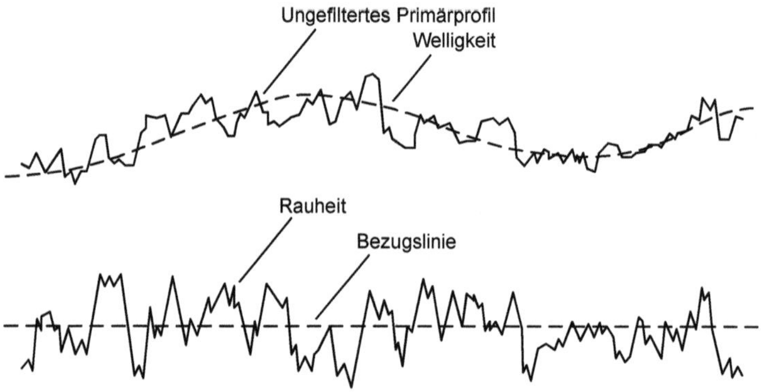

Abbildung 2.22: Beispielhaftes Oberflächenprofil mit einem Welligkeitsanteil und durch entsprechende Filterung nach DIN EN ISO 11562 [80] entstehendes Rauheitsprofil.

Die im Folgenden beschriebenen Definitionen können auf das Primär-, das Welligkeits- und das Rauheitsprofil angewendet werden und werden entsprechend dem jeweiligen Auswerteprofil mit den das Profil bezeichnenden Buchstaben P, W oder R gefolgt von einem Index, der die Art der Ermittlung des Kennwerts beschreibt, angegeben.

Aufgrund der einfachen geometrischen Beschaffenheit der für diese Arbeit untersuchten Proben wird der erwartungsgemäß geringe Einfluss durch Formabweichungen und Welligkeit auf das Rauheitsprofil vernachlässigt und für die folgenden Betrachtungen nur solche Kennwerte erläutert, die die eigentliche Rauheit einer Oberfläche charakterisieren.

2.5.1 Linienbasierte Verfahren

Grundsätzlich lassen sich die bekannten Verfahren der Ermittlung der Rauheit einer technischen Oberfläche in die weit verbreiteten lininenbasierten und die flächenbasierten Verfahren unterscheiden. Im Folgenden wird der Übersicht halber auf die Ermittlung der wichtigsten Parameter und deren jeweilige Aussagekraft eingegangen.

Arithmetischer Mittenrauhwert R_a

Der arithmetische Mittenrauhwert R_a ist das arithmetische Mittel über die Beträge der Ordinatenwerte $Z(x)$ eines Rauheitsprofils innerhalb der jeweiligen Einzelmessstrecke l_r, Gleichung (2.1) und stellt somit die mittlere Abweichung eines gemessenen Oberflächenprofils von einer gedachten, mittleren Linie dar.

$$R_a = \frac{1}{l_r} \int_0^{lr} |Z(x)| \, dx \tag{2.1}$$

Nach Volk [81] kann dieser Kennwert weder zwischen Spitzen und Riefen unterscheiden noch verschiedene Profilformen erkennen. Durch die Mittelung der Einzelmessungen reagiert er nur schwach auf Störungen wodurch sich eine geringe Streuung und eine gute Wiederholbarkeit von Messstelle zu Messstelle ergibt.

Quadratischer Mittenrauhwert R_q

Der Quadratische Mittenrauhwert R_q ist nach Volk [81] der quadratische Mittelwert der Profilabweichungen von der gedachten, mittleren Linie des Oberflächenprofils und wird nach Gleichung (2.2) berechnet:

$$R_q = \sqrt{\frac{1}{l_r} \int_0^{l_r} Z(x)^2 \, dx} \tag{2.2}$$

Zwar ist R_q ähnlich definiert wie R_a, reagiert jedoch empfindlicher auf einzelne Spitzen und Riefen in der Oberfläche.

Gemittelte Rauhtiefe R_z und maximale Rauhtiefe R_{max}

Die bekannteste und sehr weit verbreitete Kenngröße der gemittelten Rauhtiefe R_z und die maximale Rauhtiefe R_{max} werden beide ermittelt, indem das Profil der zu untersuchenden Messstrecke in fünf gleiche Strecken unterteilt wird. Aus jedem Teilstück wird der maximale Wert der Abweichung von der Profillinie, die Einzelrauhtiefe, z_i, auf jeweils fünf Teilmessstrecken der Länge l_r, $R_z(1)$ bis $R_z(5)$ wie in Abb. 2.23 verdeutlicht, entnommen und aus diesen nach Gleichung (2.3) der Mittelwert gebildet. Nach Volk [81] wird durch dieses Vorgehen der Einfluss einzelner Spitzen und Riefen verringert.

$$R_z = \frac{1}{5} \sum_{i=1}^{5} R_z(i) \tag{2.3}$$

Daher werden durch diese Art der Kennwertermittlung nach Sorg [82] die Unsicherheiten, wie sie bei R_a auftreten, reduziert und eine bessere Aussagekraft hinsichtlich auftretender Ausreißer ermöglicht.

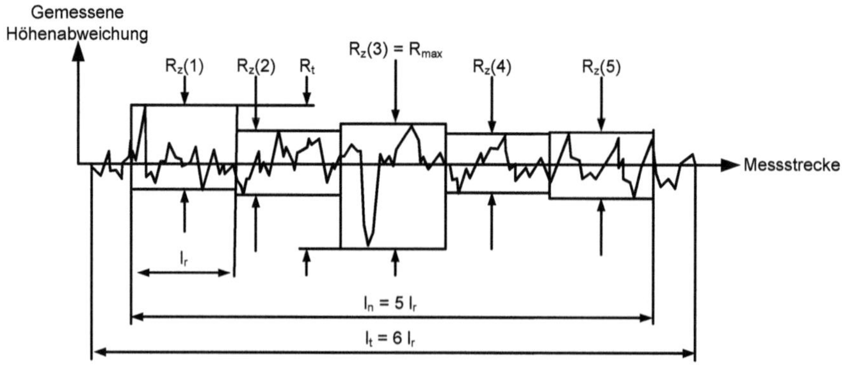

Abbildung 2.23: Anhand eines aufgenommenen und gleichmäßig in Teilprofile unterteilten Oberflächenprofils erfolgt die Ermittlung der mittleren Rauhtiefe, R_z, und der maximalen Rauhtiefe, R_{max}, nach DIN 4768.

Die Auslaufstrecken der Länge $\frac{1}{2}l_r$ vor der ersten und nach der letzten Teilmessstrecke minimieren ein mögliches Überschwingen des Profilfilters. Dort, wo einzelne Störstellen die Funktion eines Werkstücks beeinträchtigen könnten, wird nach Volk [81] in der Regel der größte Abstand von der höchsten Spitze zur tiefsten Riefe innerhalb einer Einzelmessstrecke als maximale Rauhtiefe, R_{max} angegeben. Das Auswerteverfahren ist nach Sorg [82] dem des R_z vergleichbar, wobei zur Kennwertberechnung nur diejenige Teilstrecke herangezogen wird, in der aus den fünf Einzelwerten der höchste, sprich der Maximalwert, wie in Abb. 2.23 erläutert, auftritt.

2.5.2 Flächenbasierte Verfahren

Wie Volk [81] schildert, kann eine Rauheitsmessung mit einer Tastspitze nur Daten in zwei Dimensionen liefern, die in der Regel in der Richtung des Verfahrwegs der Spitze als x- und in der Richtung der senkrechten Profilhöhen als z-Achse bezeichnet werden. In manchen Fällen allerdings ist es zweckmäßig, die Oberfläche durch eine Vielzahl an parallelen Messungen als Fläche darzustellen.

Abgesehen von einer rein visuellen Analyse der untersuchten Oberfläche können auch verschiedene quantitative Kenngrößen flächenbezogen berechnet werden. Dazu zählen unter anderem die flächenbezogene gemittelte Rauhtiefe, sR_z, und der flächenbezogene arithmetische Mittenrauhwert, sR_a. Allerdings sind diese Kenngrößen und Kurzzeichen zum vorliegenden Zeitpunkt nicht durch entsprechende Normungen vereinheitlicht, weshalb der Vergleichbarkeit halber auf die jeweilige Definition einer flächenbezogenen Kenngröße geachtet werden muss. Die Beschreibung der für die in dieser Arbeit verwendeten Kennwerte erfolgt deshalb im experimentellen Teil (siehe Abschnitt 3.5, S. 56ff).

Berührungslose Messung mit dem Weißlichtsensor

Ein aufgrund fehlender beweglicher Teile und deswegen im Vergleich zu taktilen Methoden höheren Messgeschwindigkeit verbreitetes Verfahren ist die berührungslose Vermessung der Oberfläche mit dem Weißlichtsensor. Dieser wird nach Volk [81] in geringem Abstand über die Oberfläche geführt aber anstelle der Tastspitze ein weißer Lichtfleck auf die Probe fokussiert. Dazu wird, wie in Abb. 2.24 skizziert, ein Objektiv mit chromatischer Aberration verwendet.

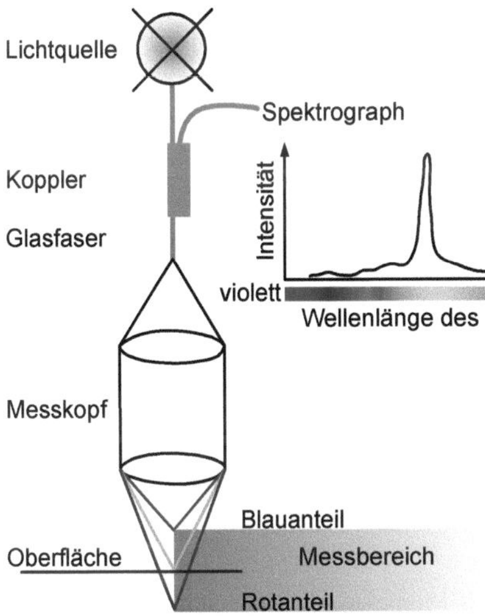

Abbildung 2.24: Prinzip der Topographiessung mit Hilfe des Weißlichtsensors nach Volk [81]

Das heißt der blaue Farbanteil wird stärker gebündelt und so liegt dieser Fokus näher zur Linse als der Fokus des roten Lichtanteils. Der vertikale Abstand des roten zum blauen Brennpunkt bestimmt den vertikalen Messbereich des Geräts. Das von der Oberfläche reflektierte Licht wird vom Objektiv wieder auf eine Blende abgebildet. Je nach Abstand des Objektivs von der Oberfläche kann so nur der sich im Fokus befindende Farbanteil vom Spektrometer in seiner Intensität erfasst werden. Das dabei gemessene ausgeprägte Maximum des Spektrums kann unabhängig von seiner absoluten Höhe in dessen Lage eindeutig bestimmt und so auf den Abstand des Objektivs zur Oberfläche zurückgeschlossen werden.

3 Experimentelles Vorgehen in Versuch und Simulation

Die durchgeführten experimentellen Untersuchungen lassen sich zwar grundlegend in mehrere Bereiche unterteilen, sind allerdings eng miteinander verzahnt und lassen sich nur bedingt getrennt voneinander betrachten. Als Grundbaustein der Untersuchungen erfolgt die Charakterisierung der für das Druckgießen relevanten mechanischen Eigenschaften der verwendeten Salzkerne zum Vergleich verschiedener Salzkernsysteme und als Eingangsgröße für Gießsimulationen als zweiten wichtigen Bereich. Die Simulationen dienen dazu, die in Gießversuchen gewonnenen Erkenntnisse auf beliebige Geometrien übertragen zu können. Die Gießversuche selbst, d.h. die Herstellung von Druckgussteilen mit Hilfe der Salzkerntechnologie, als dritter, die Anwendung direkt betreffender Bereich dienen darüberhinaus der Validierung der Simulationsergebnisse.

3.1 Charakterisierung der verwendeten Salzkernsysteme

Ein für die Versuche verwendetes, kommerziell erhältliches Salzkernsystem stammt von der Emil Müller GmbH, einem Tochterunternehmen der CeramTec Gruppe. Diese gepressten und gesinterten Kerne sind nach Grötzinger [51] durch die Verdichtung einer Mischung von wasserlöslichen Salzen unter Druck und anschließendem Sintern charakterisiert und bestehen zusätzlich zur Matrix aus Natriumchlorid aus 4-5 Gew.-% Dinatriumtetraborat-Decahydrat, $Na_2B_4O_7 \cdot 10\,H_2O$ [83], auch als Borax bezeichnet, 2-3 Gew.-% Magnesiumoxid und 0,5-2 Gew.-% Graphit oder Talkum[1]. Die Verdichtung erfolgt in der Regel im uniaxialen Matrizenpressverfahren und wird bei Drücken zwischen 300 MPa und 900 MPa[2] vollzogen.

Der Herstellungsprozess dieser Kerne lehnt sich an die aus der Pulvermetallurgie bzw. der Herstellung von Funktionskeramik bekannten Verfahren an. Wie in Abb. 3.1 skizziert, erfolgt zunächst eine Aufbereitung der Ausgangspulver durch Sieben und ein entsprechender

[1] Die Zusammensetzung des Salzkerns wird vom Hersteller nur in den im Patent nach Grötzinger [51] genannten Grenzen angegeben.

[2] Der exakte Verdichtungsdruck wird vom Salzkernhersteller nicht genannt.

Mischvorgang zur Homogenisierung der in der Pulverschüttung vorhandenen Komponenten.

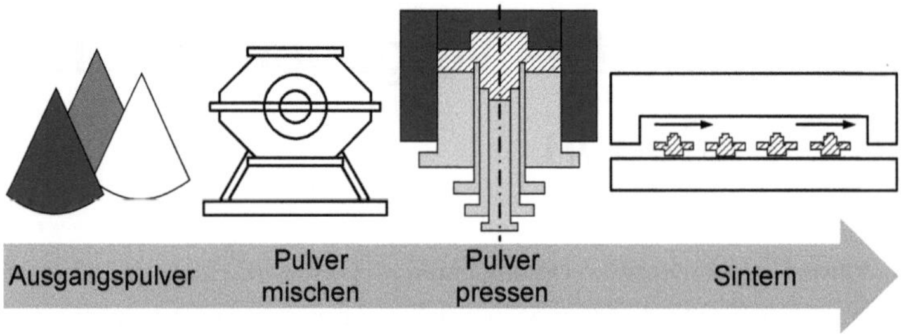

Abbildung 3.1: Schematische Darstellung der Prozesskette zur Pulveraufbereitung für die Salzkernherstellung. Nach einem Mischprozess werden die einzelnen Komponenten durch einen Pressprozess zum Grünling verdichtet. Für das Erreichen der erforderlichen Endfestigkeit schließt sich ein Sinterprozess bei etwa 650 °C an, vgl. Ilschner und Singer [34].

Nach der volumetrischen Dosierung der Vorlage erfolgt der Pressvorgang mit erforderlichenfalls mehreren unabhängig voneinander verfahrbaren Pressebenen, um eine gleichmäßige Verdichtung, auch über Querschnittänderungen hinweg, zu erreichen. Nach dem Auswerfen des so hergestellten Grünlings schließt sich bei etwa 650 °C[3] ein Sintervorgang zum Erreichen der für die Anwendung erforderlichen Endfestigkeit an.

Neben den Kernen der Emil Müller GmbH fanden auch solche Kerne Verwendung, die im Labormaßstab im Gießerei-Technikum der AUDI AG in Ingolstadt abgepresst wurden. Hierbei wurden zwei verschiedene Systeme an Kernen erstellt. Die Erläuterung der einzelnen Herstellverfahren erfolgt im Abschnitt 3.7 (siehe S. 59ff).

3.1.1 Verwendete Riegel-Salzkerngeometrie

Zu Beginn des Projekts bestand Bedarf an einer einfachen Salzkern- als auch Werkzeuggeometrie, die einerseits die Durchführung von Gießversuchen als auch die Charakterisierung des verwendeten Salzkernsystems ermöglicht. Bei der Untersuchung des Druckgussprozesses in Verbindung mit der Verwendung von Salzkernen stand die Bewertung der verfahrensbedingten, statistischen Streuung im Vordergrund. Zudem wurde eine vereinfachte Auswertung der Versuche und Charakterisierung sowohl der Salzkerne selbst als auch der Gussteile angestrebt.

[3] Die exakte Sintertemperatur wird vom Kernhersteller nicht genannt.

Dazu wurde eine Salzkernprüfriegelgeometrie geschaffen, wie sie in Abb. 3.2 dargestellt ist. Der Prüfriegel weist einen quadratischen Querschnitt von 23 mm Kantenlänge und eine Länge von 130 mm auf. Mit Hilfe dieser Probenabmaße ist es möglich, sowohl mechanische Charakterisierungs- als auch Gießversuche mit derselben Geometrie des verwendeten Salzkerns durchzuführen.

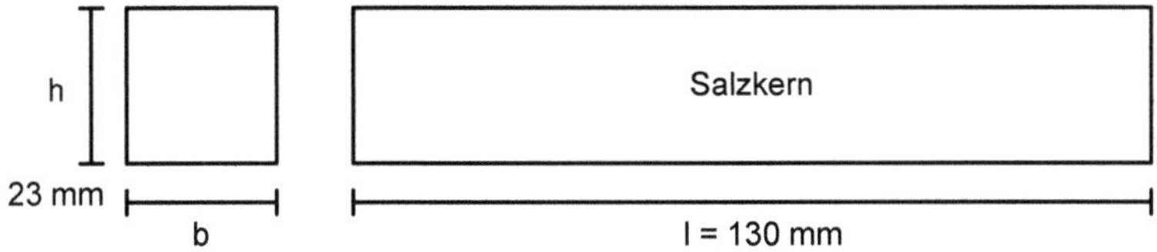

Abbildung 3.2: Skizzierte Geometrie des verwendeten Salzkernriegels mit einer Länge l von 130 mm und einem quadratischen Querschnitt von 23 x 23 mm^2, nach Fuchs et al. [78, 84, 85].

Infolgedessen können die experimentell ermittelten, temperaturabhängigen mechanischen Eigenschaften der Salzkerne direkt mit im Druckgussprozess auftretenden Phänomenen verknüpft werden.

3.1.2 Verfahren der Charakterisierung

Für die Quantifizierung der temperaturabhängigen, mechanischen Eigenschaften der Salzkerne kamen mehrere, im Nachfolgenden dargestellte Charakterisierungsmethoden zum Einsatz.

Geometrische Dichte

Für die Ermittlung der geometrischen Dichte für alle nachfolgenden Schritte der Charakterisierung und Methoden zur Bewertung der Eignung eines Kernsystems für den Druckgussprozess wurden zunächst die Abmessungen des Kerns ermittelt. Für die Länge l der Kerne kam dabei ein digitaler Messschieber, für Höhe h und Breite b eine Messschraube zum Einsatz. Die Bestimmung dieser Maße erfolgte mit einer Genauigkeit von 0,01 mm. Durch Wägung auf einer Laborwaage des Typs Sartorius handy wurden anschließend die Massen der einzelnen Kerne auf 0,001 g genau bestimmt.

Da die genauen Bestandteile und Anteile der Zusätze an der Salzmischung nicht bekannt sind wird der Einfachheit halber die theoretische Dichte von Natriumchlorid ρ_{NaCl} als Vergleichsgröße herangezogen.

Damit ergibt sich die relative Ausgangsdichte der Kerne im unvergossenen Zustand zu:

$$\rho_{rel,0} = \frac{m}{l \cdot b \cdot h} \cdot \rho_{NaCl}^{-1} \tag{3.1}$$

Aus Gleichung (3.1) lässt sich zudem die vorhandene Porosität Φ der Kerne im Ausgangszustand darstellen:

$$\Phi = 1 - \rho_{rel,0} \tag{3.2}$$

Die Bewertung und der Vergleich der verschiedenen Kernsysteme untereinander erfolgt hier anhand der relativen und nicht anhand der absoluten Dichtewerte, um eine direkte Vergleichbarkeit ohne erforderliche Umrechnungen zu gewährleisten.

Resonanzfrequenzdämpfungsanalyse (RFDA)

Nach Roebben [86] lässt sich der E-Modul durch mechanische Anregung einer geeigneten Geometrie aus dem zu untersuchenden Werkstoff und der entsprechenden akustischen Aufzeichnung und Fourieranalyse der sich einstellenden Eigenfrequenzschwingung ermitteln. Diese zerstörungsfreie Technik der Werkstoffcharakterisierung wird deshalb als Resonanzfrequenzdämpfungsanalyse oder Englisch resonance frequency damping analysis, kurz RFDA, bezeichnet.

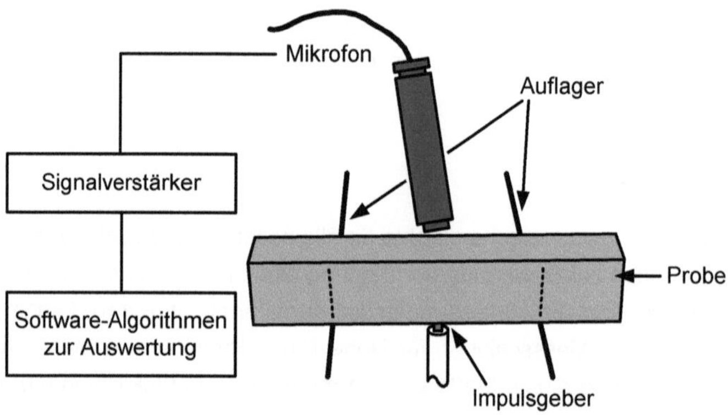

Abbildung 3.3: Skizzierter Versuchsaufbau der am WTM vorhandenen Apparatur zur Resonanzfrequenzdämpfungsanalyse (RFDA) der Firma IMCE NV mit den wichtigsten Einzelkomponenten. Die Salzkern-Probe in Riegelgeometrie ist mit den vorher nach Abb. 3.4 markierten Auflagerpositionen dargestellt.

Abbildung 3.3 benennt die wichtigen Einzelkomponenten des für die Messungen verwendeten Versuchsaufbaus der Firma IMCE NV, Belgien, am Lehrstuhl WTM. Die Anregung der Schwingung erfolgt über einen als Stößel ausgeprägten Impulsgeber. Dieser kann von der verwendeten Software angesteuert werden und schlägt von unten mit einstellbarer Intensität auf die Salzkernprobe. Das sich ergebende akustische Signal wird über ein per Signalverstärker an die Software angebundenes Mikrofon aufgenommen und mit Hilfe einer integrierten Fourieranalyse das Maximum des Frequenzspektrums als Eigenfrequenz f bestimmt. Mit der Eigenfrequenz und den Probenabmessungen sowie der Masse wird nach Roebben [86] vom System der E-Modul der Probe berechnet:

$$E = 0,9465 \cdot \left(\frac{m \cdot f^2}{b}\right)\left(\frac{l^3}{h^3}\right) \cdot T \tag{3.3}$$

Für diese Auswertung wird zusätzlich ein von Probengeometrie und Querkontraktionszahl abhängige Korrekturfaktor T ermittelt:

$$\begin{aligned} T =& 1 + 6,585 \cdot \left(1 + 0,0752\, \nu_{NaCl} + 0,8109\, \nu_{NaCl}^2\right) \cdot \left(\frac{h}{l}\right)^2 \\ &- 0,868 \cdot \left(\frac{h}{l}\right)^4 - \left|\frac{8,340 \cdot \left(1 + 0,2023\, \nu_{NaCl} + 2,173\, \nu_{NaCl}^2\right) \cdot \left(\frac{h}{l}\right)^4}{1 + 6,338 \cdot \left(1 + 0,1408\, \nu_{NaCl} + 1,536\, \nu_{NaCl}^2\right) \cdot \left(\frac{h}{l}\right)^2}\right| \end{aligned} \tag{3.4}$$

Der Wert der Querkontraktionszahl wurde hierfür in allen Versuchen der bereits in 2.3.1 vorgestellte Wert $\nu_{NaCl} = 0,16$ von Lohkämper [28] übernommen.

Um den dämpfenden Einfluss der Lagerung zu minimieren und so das Messergebnis in möglichst geringem Umfang zu beeinflussen, wird die Probe, wie in Abb. 3.4 skizziert, an der Position der Schwingungsknoten gelagert.

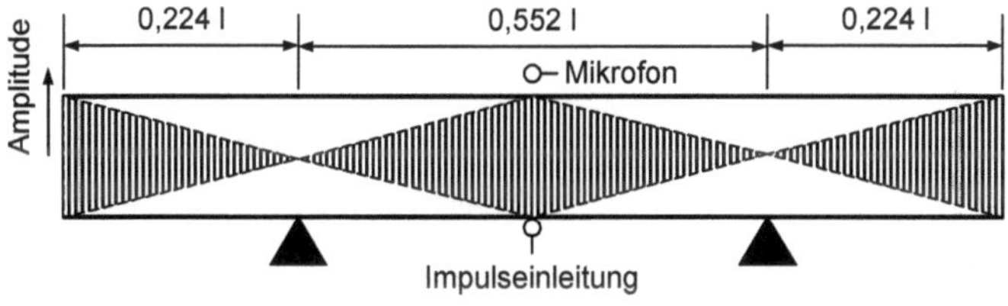

Abbildung 3.4: Skizziertes Messprinzip zur Bestimmung des E-Moduls an Salzkernproben mittels RFDA nach Roebben [86]. Die Positionen der Auflager werden zur Vermeidung der Beeinflussung der Eigenfrequenz in die Schwingungsknoten gelegt.

Zur Ermittlung des E-Moduls jedes charakterisierten Kernsystems wurden jeweils mindestens zehn Proben geprüft. Anhand von jeweils zehn Einzelmessungen wurde wiederum der E-Modul jeder Probe durch Mittelwertbildung bestimmt. Um einen Temperatureinfluss auf die elastischen Eigenschaften ausmachen und so den Einfluss der in den Gießversuchen vorgehaltenen Kernvorwärmtemperatur abprüfen zu können, wurde dieser Versuchsablauf für das bereits vorgestellte Emil-Müller-Kernsystem sowohl bei Raumtemperatur als auch 125 °C sowie 250 °C durchgeführt.

Bei der Ermittlung des E-Moduls der vorgewärmten Proben wurde dabei für alle Proben jeweils die angegebene Prüftemperatur am verwendeten Heraeus-Umluftofen eingestellt sowie mit einem Typ-K-Thermoelement überprüft. Nach Erreichen der Zieltemperatur wurde noch weitere 30 min gewartet, um eine vollständige, homogene Temperatur der Kerne garantieren zu können. Für die einzelnen Prüfungen wurde jeweils eine Probe aus dem Ofen entnommen und auf die Auflager der Prüfapparatur an Raumbedingungen verbracht. Anschließend wurden die zehn Einzelmessungen ohne zwischen den Einzelmessungen liegendes Wiederaufheizen an der Probe durchgeführt.

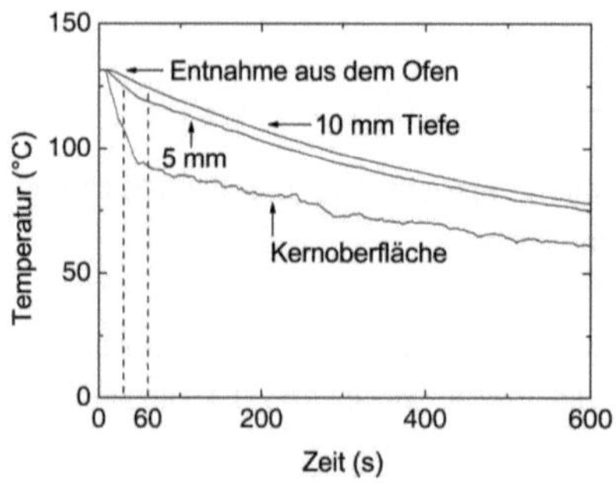

Abbildung 3.5: Temperaturverläufe eines Salzkernriegels bei der Entnahme aus dem Ofen bei 130 °C. Unmittelbar auf der Oberfläche des Kerns fällt die Temperatur zwar sehr schnell ab, doch erreicht der Kern in einer Tiefe von 5 mm nach 30 s eine Temperatur von 125 °C. In 10 mm Tiefe wird diese Temperatur nach 60 s erreicht.

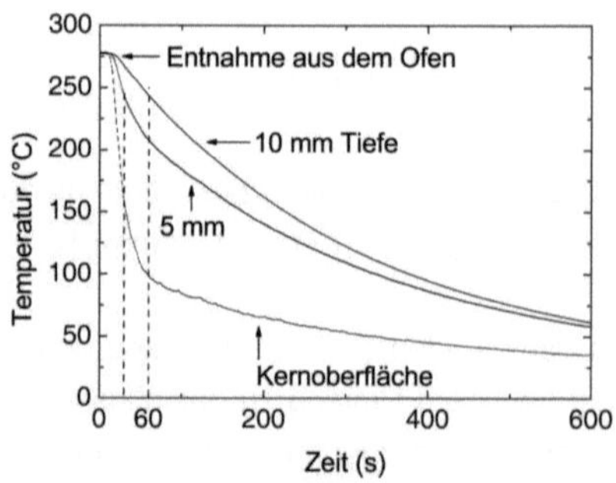

Abbildung 3.6: Temperaturverläufe eines Salzkernriegels bei der Entnahme aus dem Ofen bei 280 °C. Auch hier weist die Oberflächentemperatur des Kerns einen schroffen Temperaturabfall auf, der zudem akustisch deutlich wahrnehmbar ist, doch ist auch hier das Kerninnere deutlich träger. In einer Tiefe von 5 mm kann nach 30 s ein Temperaturabfall auf 245 °C festgestellt werden. 10 mm im Kerninneren dauert es bis zum Erreichen dieser Temperatur bereits 60 s.

Zwar kühlt die Probe in der Zeitdauer des Einbringens in den Versuchsaufbau von der eigentlich angegeben Prüftemperatur ab, doch die Abkühlkurven in den Abbildungen 3.5 und 3.6 verdeutlichen, dass Vorwärmtemperaturen im Kerninneren, d.h. in einer Tiefe von 5 mm und 10 mm, für die angenommene, maximale Versuchsdauer von 30 s hinreichend gut gehalten werden.

Darüber hinaus entspricht dieses Vorgehen sehr genau dem Versuchsablauf beim Abgießen von Probebauteilen mit Salzkernen wie er in 3.2.2 (s. Seite 50ff) erläutert wird und stellt die Übertragbarkeit der Ergebnisse sicher.

Biegefestigkeit

Natriumchlorid weist aufgrund seiner ionischen Bindungen ein keramisches Werkstoffverhalten auf. Nach Danzer und Lube [87] besitzen Festigkeitskennwerte aus Biegeversuchen für keramische Werkstoffe eine höhere Aussagekraft als etwa Kennwerte aus Zugversuchen. Die Biegefestigkeit der untersuchten Salzkern-Riegel wurde deshalb in einem Drei-Punkt-Biegeversuch nach DIN EN 843-1 [88] ermittelt.

Die Salzkerne wurden dazu in einen in Abb. 3.7 schematisch dargestellten Aufbau eingebracht und durch den mit einer Instron Universalprüfmaschine verfahrenden Stempel mit einer Kraft F beaufschlagt. Zur Reibungsminimierung sind sowohl der Stempel als Rundstempel als auch die unteren Auflager des Salzkerns als Losrollen mit einem Radius von 3 mm ausgeführt.

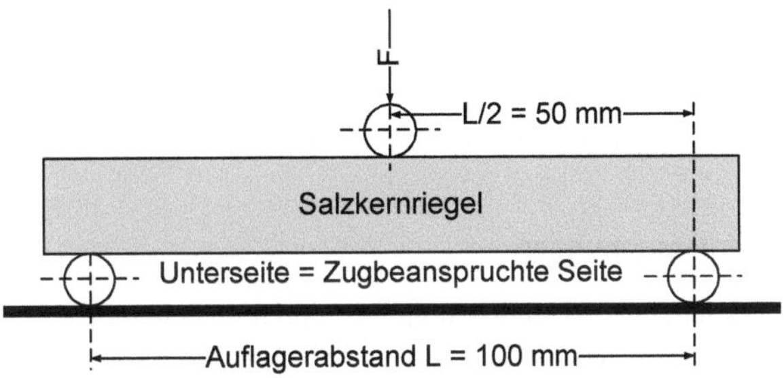

Abbildung 3.7: Schema des Aufbaus für die Durchführung von Drei-Punkt-Biege-Versuchen nach DIN EN 843-1 [88]

Um die Anforderung der Prüfgeschwindigkeit nach DIN EN 843-1 [88] zu erfüllen, d.h. den Bruch der Probe innerhalb von 10 s bis 15 s nach der ersten Kraftaufbringung gewährleisten zu können, wurden die Versuche weggeregelt mit einer konstanten Verfahrgeschwindigkeit des Maschinenquerhaupts von 0,7 m min^{-1} durchgeführt. Die Ermittlung der auftretenden Kräfte erfolgte durch eine 10 kN-Kraftmessdose. Sowohl die Steuerung der Universalprüfmaschine Instron als auch die digitale Messdatenerfassung erfolgte über die Softwareanwendung LabMaster.

Aus der maximalen, unmittelbar vor dem Bruch auftretenden Kraft beim Bruch F_b lässt sich mit den Abmessungen des Kerns und des Versuchsaufbaus die Biegefestigkeit σ_f der Salzkerne ermitteln:

$$\sigma_f = \frac{3 \cdot F_b \cdot L}{2 \cdot b \cdot h^2} \tag{3.5}$$

σ_f	=	Biegefestigkeit	($N \cdot mm^{-2}$)
F_b	=	Kraft beim Bruch	(N)
L	=	Abstand der Auflagerrollen	(mm)
b	=	Breite des Probenkörpers	(mm)
h	=	Höhe des Probenkörpers	(mm)

Der Wert der Biegespannung muss beim Auftreten des Bruchs außerhalb der Mitte allerdings korrigiert werden, indem der Abstand x des Bruchs von der Stelle höchster Spannung berücksichtigt wird:

$$\sigma_f = \frac{3 \cdot F \cdot (L - 2x)}{2 \cdot b \cdot h^2} \tag{3.6}$$

Auch die Charakterisierung der Biegefestigkeit im Drei-Punkt-Biegeversuch erfolgte, wie schon bei der Ermittlung des E-Moduls, außer bei Raumtemperatur auch bei erhöhter Temperatur, um eine thermisch bedingte Veränderung der mechanischen Eigenschaften ermitteln zu können. Dazu wurden auch hier die auf 125 °C und 250 °C vorgeheizten Proben in den Versuchsaufbau an Raumbedingungen eingebracht. Da die Versuchsdauer hier noch geringer ist als für die RFDA-Untersuchungen kann auch für die Ermittlung der Biegefestigkeit von einer hinreichend genauen Temperatur der Probe ausgegangen werden.

Radiographische Untersuchungen

Für die radiographische bzw. computertomographische (CT) Untersuchung der Proben kam ein Computertomograph des Herstellers General Electric des Typs Micro-CT DP425.3 der AUDI AG zum Einsatz. Die Schnittbilder wurden mit einer Auflösung von 75 μm erstellt.

3.2 Gießversuche

Die Gießversuche wurden auf einer Müller-Weingarten Druckgussanlage Typ GDK 750 mit einer Schließkraft von 7500 kN im Gießerei-Technikum der AUDI AG, Ingolstadt, durchgeführt. Ein Datenerfassungssystem der Firma Electronics®GmbH, Neuhausen, diente dabei der Aufzeichnung der Prozessparameter. Für alle Versuche kam die Aluminiumlegierung AlSi10MnMg des Typs trimal®-05 der Trimet Aluminium AG, Essen, zum Einsatz. Über alle Gießversuche und Gießkampagnen hinweg wurde die Temperatur des Warmhalteofens bei

700 °C belassen, um eine Schmelzetemperatur in der Gießkammer von etwa 630 °C sicherstellen und somit vorzeitige Erstarrung ausschließen zu können. Die Temperatur der sich in der Gießkammer befindenden Schmelze wurde dazu einmalig nach dem Dosiervorgang ermittelt und für alle Experimente gleich belassen.

3.2.1 Geometrie des Werkzeugs und Versuchsbauteils

Für den Abguss der Salzkerngeometrie wurde das in Abb. 3.8 abgebildete Druckgusswerkzeug angefertigt, das in zwei Werkzeugeinsätzen jeweils einen Salzkern in dafür vorgesehenen Kernmarken auf einer Länge von jeweils 6,5 mm, was insgesamt 10 % der Länge des Riegels entspricht, aufnimmt.

Durch spezielle, in der Eingussformhälfte der Druckgussform montierte Forminnendrucksensoren (FIDS) der Electronics GmbH, Neuhausen, ist es möglich, den in der Kavität durch die Schmelze wirkenden Druck in Echtzeit zu erfassen. Mit diesen Daten lassen sich die auf den Kern wirkenden Nachdrücke zuverlässiger und objektiv reproduzierbarer quantifizieren, als es durch eine entsprechend ungenaue Korrektur des wirksamen Druckes der Anlagenhydraulik um Reibung in Maschine und Fluid, die zudem stark von den Betriebsbedingungen der Druckgussanlage abhängen, möglich ist.

Die erstellte Werkzeuggeometrie ermöglicht die gleichzeitige Darstellung zweier Versuchsbauteile in einem Abguss. Dabei wurden die Kavitäten in zwei unterschiedlichen Wandstärken von vier und fünf Millimeter ausgeführt, um mehrere druckgusstypische Wandstärken im Versuch abbilden zu können. Zudem konnten durch eine leicht unterschiedliche Gestaltung der Anschnittgeometrien zwei verschiedene Anschnittgeschwindigkeiten in den Kavitäten realisiert werden.

Für die korrekte Bewertung der durchgeführten Gießversuche ist es notwendig, die Anschnittgeschwindigkeit $v_{Anschnitt}$ ausgehend von der aufgezeichneten Kolbengeschwindigkeit v_{Kolben} zu berechnen.
Ausgehend von den konstanten Querschnitten in Gießkammer $A_{Giesskammer}$ und Anschnitt $A_{Anschnitt}$ ergibt sich die Anschnittgeschwindigkeit nach der Kontinuitätsgleichung für den inkompressiblen Fall zu:

$$v_{Anschnitt} = v_{Kolben} \cdot \frac{\pi}{4} \frac{D^2_{Giesskammer}}{A_{Anschnitt}} \tag{3.7}$$

Der Durchmesser der verwendeten zylindrischen Gießkammer $D_{Giesskammer}$ betrug bei den mit diesem Werkzeug durchgeführten Versuchen 90 mm bei einer Gießkammerlänge von 600 mm. Für die korrekte Berechnung der im jeweiligen Anschnitt herrschenden Schmelze-

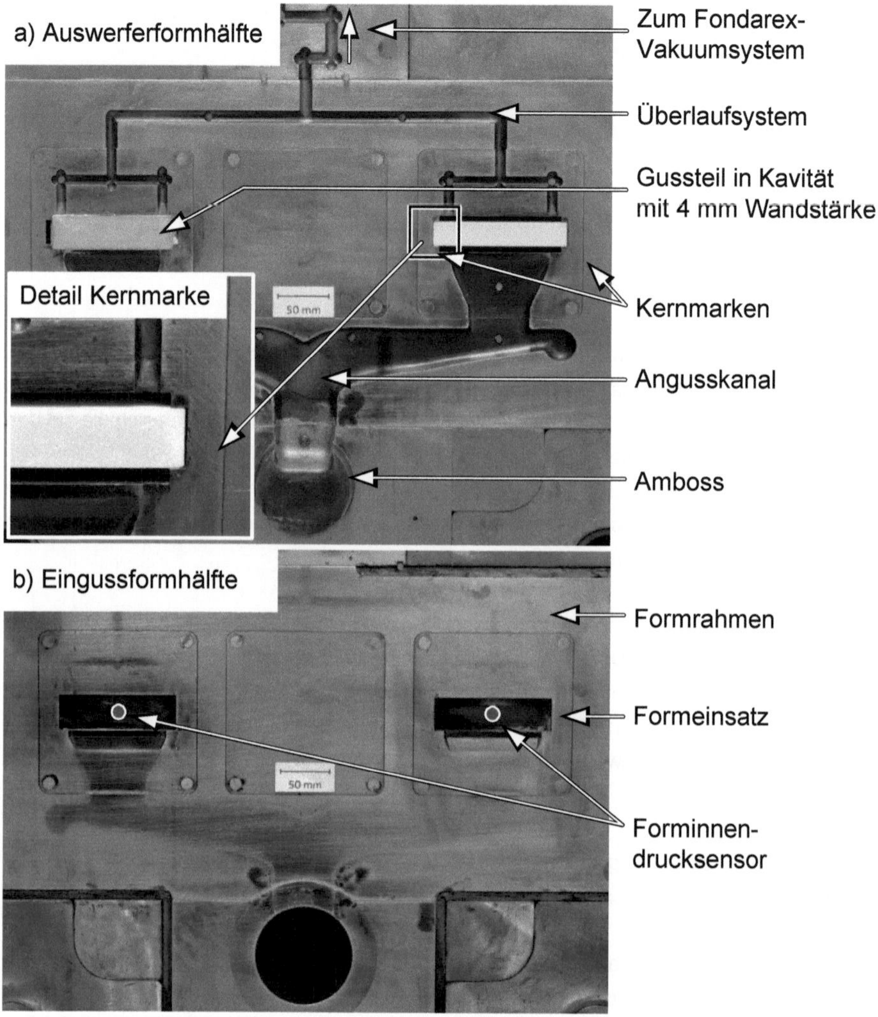

Abbildung 3.8: Auswerfer- (a) und Eingussformhälfte (b) des für die durchgeführten Gießversuche verwendeten Druckgusswerkzeugs mit eingelegtem Kern und Versuchsgussteil. Eine Kernmarke zur Aufnahme der Salzkerne ist hervorgehoben und vergrößert dargestellt. In der Abbildung der Eingussformhälfte sind die Forminnendruck-Sensoren (FIDS) hervorgehoben dargestellt.

geschwindigkeit muss zusätzlich noch die Querschnittsfläche des Anschnitts jeder Kavität betrachtet werden. Da die Verteilung der Schmelze im Gießlauf symmetrisch erfolgt, lassen sich die Anschnittgeschwindigkeiten der beiden Kavitäten mit vier und fünf Millimeter Wandstärke, v_4 und v_5, mit Kenntnis der Anschnittflächen der beiden Tangentialanschnitte, A_4 =132 mm^2 und A_5 =123 mm^2 unter Berücksichtigung des angenommenen, konstanten Volumenstroms der Schmelze Q_{Kolben}, in Abhängigkeit voneinander formulieren:

$$\dot{Q}_{Kolben} = v_{Kolben} \cdot A_{Kolben} = \dot{Q}_4 + \dot{Q}_5 = v_4 \cdot A_4 + v_5 \cdot A_5 \tag{3.8}$$

Aus Gleichung (3.8) lassen sich die Anschnittgeschwindigkeiten abhängig von der Kolbengeschwindigkeit formulieren:

$$v_4 = \frac{v_{Kolben}}{2} \cdot \frac{A_{Kolben}}{A_4}; \; v_5 = \frac{v_{Kolben}}{2} \cdot \frac{A_{Kolben}}{A_5} \tag{3.9}$$

Der für die Abgüsse angestrebte Füllgrad der Gießkammer von 24 % wurde, aufgrund der verwendeten Vacural®-Dosierung mit Fondarex®-Vakuumsystem, durch eine geeignete Anpassung der Dosierzeit, d.h. die Veränderung des Zeitintervalls in dem der aufgebrachte Unterdruck Schmelze aus dem Dosierofen ansaugt, erreicht.

Die beim Abguss um den Salzkern abgebildete Bauteil-Geometrie entspricht in der Seitenansicht einem trapezähnlichen Profil mit Entformungsschrägen in zwei Richtungen. Darüberhinaus wird durch die beiden in Abb. 3.9 geschnittenen planparallelen Flächen geeignetes Probenmaterial für in Abschnitt 3.3 erläuterte Wandstärkenuntersuchungen zur Quantifizierung des Kompressionsverhaltens im Druckgussprozess bereitgestellt.

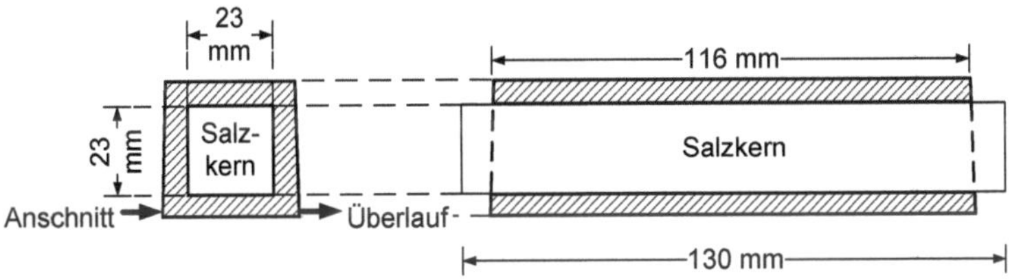

Abbildung 3.9: Schnittskizze des Verwendeten Salzkernriegels und des im Druckgussprozess dargestellten Probebauteils, vgl. Fuchs et al. [78, 84, 85].

Neben den beiden trapezförmigen Proben ist in Abb. 3.10 die gesamte Gießtraube mit dem noch vollständigen Anguss- und Überlaufsystem dargestellt.

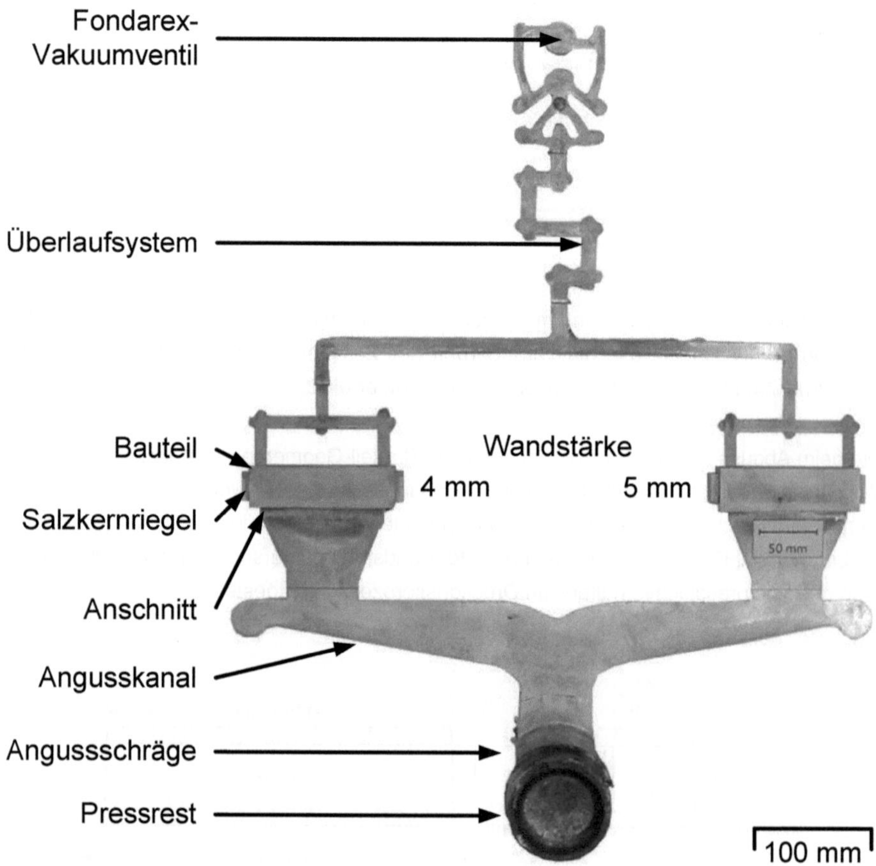

Abbildung 3.10: Im Druckguss dargestellte Gießtraube mit Anguss- und Überlaufsystem mit Blick von der Eingussformhälfte her.

Mit dem Hintergrund der Herstellung von Gussbauteilen für die Verwendung in der Fahrzeugstruktur kommt den mechanischen Eigenschaften, insbesondere der Bruchdehnung, eine besondere Bedeutung zu. Deshalb erfolgt auch für die Probengeometrie des Salzkernriegels die Evakuierung der Kavität über jeweils zwei an das Fondarex®-Vakuumventil angebundene Entlüftungskanäle.

Die Proben werden beim Abgießen nach dem Schuss und der für die Erstarrung erforderlichen Zuhaltezeit des Werkzeugs aus der beweglichen Formhälfte entnommen und direkt im Wasserbad abgeschreckt. Dies dient nicht nur der Nachahmung der Prozessführung des Abduschens von Strukturgussbauteilen, sondern erleichtert auch die Entformung. Bedingt durch die im Vergleich zu Aluminium hohe thermische Dehnung werden beim Abschreckvorgang hohe Spannungen im Salzkern induziert, die dort zur Bildung eines Rissnetzwerks führen und damit den späteren Ausspülvorgang erleichtern. Beispielhaft sind dazu in Abb. 3.11 ein Emil-Müller-Salzkern in unvergossenem Zustand sowie ein aus der Gießhitze heraus abgeschrecktes Probenbauteil mit darin noch enthaltenem, rissigem, Salzkern sowie in Abb. 3.12 eine entsprechender radiographischer Schnitt durch ein Bauteil mit Salzkern und Rissnetzwerk dargestellt.

Abbildung 3.11: Salzkernriegel im unvergossenen Zustand sowie abgegossenes Bauteil mit dem durch das aus der Gießhitze heraus erfolgten Abschreckens verursachte Risse im darin verbliebenen Kern.

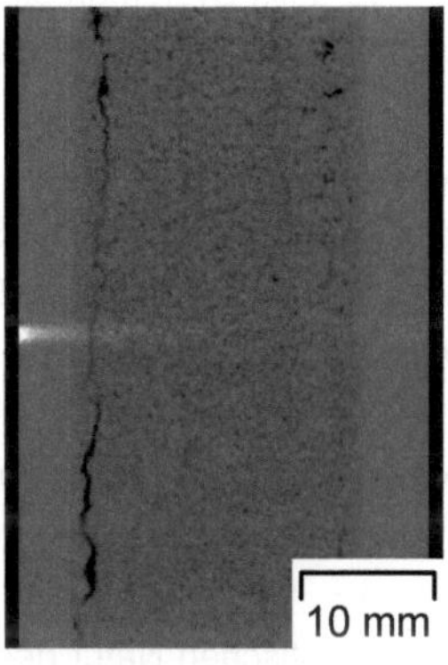

Abbildung 3.12: Im computertomographischen Schnitt ist das zugspannungsinduzierte Rissnetzwerk erkennbar, das durch das Abschrecken der Bauteile aus der Gießhitze heraus, aufgrund der hohen thermischen Dehnung des Salzes, verursacht wird.

3.2.2 Variation der Gießparameter

In den Druckguss-Versuchen wurden getrennt voneinander die Parameter Anschnittgeschwindigkeit und Nachdruck variiert. Für die Anschnittgeschwindigkeit erfolgte dies über eine Anpassung der Kolbengeschwindigkeit in der Formfüllphase nach Gleichung (3.9). Der während des Beginns der Erstarrung wirksame Nachdruck wurde über die Einstellung des zulässigen Druckes im Hydrauliksystem sowie die Anpassung des Gasdrucks im Druckspeicher des Schussaggregates der Anlage eingestellt.

Mit der gegebenen Werkzeuggeometrie lassen sich mit der vorhandenen Anlagentechnik prinzipiell Anschnittgeschwindigkeiten zwischen $10\,m\,s^{-1}$ und etwa $120\,m\,s^{-1}$ realisieren. Zum Einsatz kamen dabei in den durchgeführten Versuchen Anschnittgeschwindigkeiten von $12\,m\,s^{-1}$ bis $38\,m\,s^{-1}$.

Der Nachdruck ist nach unten durch die Dynamik der in Bewegung befindlichen Schmelze und Anlagenteile begrenzt. Auch wenn Hydrauliksystem und Druckspeicher entsprechend eingestellt sind, ist bei deaktivierter Nachdruckphase dennoch ein Druck von etwa 300 bar in der Kavität mit Hilfe der FIDS feststellbar. Bei maximal geladenen Speichern lassen sich hingegen gemessene Nachdrücke bis etwa 820 bar realisieren. Dies entspricht einem Hydraulik-Systemdruck von 1200 bar, sodass der Bereich an Parametern typischer Aggregate- als auch Strukturgussanwendungen in der industriellen Praxis abgedeckt wird.

Ein weiterer Parameter, der in der hier durchgeführten Betrachtung benannt werden muss, ist die Vorwärmtemperatur der Salzkerne. Bei den durchgeführten Druckgießversuchen wurde diese, je nach betrachteter Schädigungsphänomenologie bei 125 °C und 175 °C variiert. Die Vorwärmtemperatur wurde dabei, wie schon in 3.1.2 erläutert, am Nabertherm-Ofen des Typs N120/85HA eingestellt und mit einem Typ-K-Thermoelement überprüft. Nach erfolgter Homogenisierung der Temperatur für die Gießversuche wurden die Kerne einzeln entnommen und in die Kernmarken eingebracht.

Um der statistischen Natur des Druckgussprozesses gerecht zu werden, erfolgten für jede Parametereinstellung je zehn einzelne Abgüsse.

3.3 Relative Kernkompression

Eine direkte Vermessung der Salzkerngeometrie nach dem Abguss ist aufgrund des geringen Unterschieds im Wirkungsquerschnitt der Elemente Natrium, Aluminium, Silizium und

Chlor anhand radiographischer Ergebnisse, nicht möglich. Die Quantifizierung der auftretenden Salzkernkompression erfolgte deshalb indirekt anhand der Wandstärken der in Riegelgeometrie abgegossenen Proben, vergleiche auch Fuchs und Körner [84].

Für die Vermessung der mit Emil-Müller-Kernen dargestellten Bauteile kam aufgrund der hohen Oberflächenrauheiten, d.h. $R_z \geq 150\,\mu$m, eine taktile Methode nicht in Frage. Stattdessen fand ein Krautkrämer DM4 DL Ultraschall-Wanddickenmessgerät Verwendung. Mit Hilfe einer Versuchsplatte vergleichbarer Wandstärke aus derselben AlSi10MnMg-Legierung im Gusszustand wurde das Gerät anhand taktiler Vermessung mit einem Kroeplin OD1020 Schnelltaster auf den Werkstoff kalibriert. Die Wandstärken wurden durchgehend für alle Proben auf 0,01 mm genau aufgezeichnet.

Die Vermessung der Wandstärken erfolgte für alle Proben anhand definierter Punkte entlang der Längsachse der Gussbauteile. Wie aus Abb. 3.13 hervorgeht, wurden dazu im Abstand von 10 mm in der Mitte der zu vermessenden Wand jeweils elf Markierungen aufgebracht, die sich auf der angussfernen und der angussnahen Bauteilwand gegenüberliegen. Für die Berechnung der Kernkompression fanden daraus acht Messpunkte Berücksichtigung, da sich die durch einen Kreis gekennzeichneten Stellen aufgrund der dort vorhandenen Auswerfermarken bzw. des Abdrucks des Forminnendrucksensors nicht für eine Auswertung eignen.

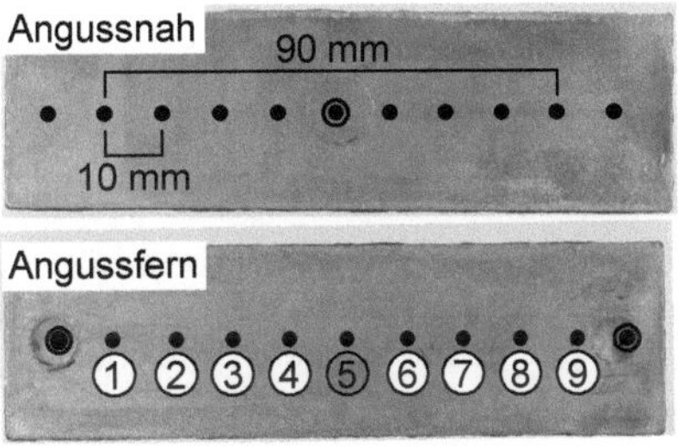

Abbildung 3.13: Die beiden Hälften eines Versuchsgussteils mit darauf gekennzeichneten Stellen. Die Kernkompression wurde an acht aus elf Messpunkten ermittelt. Die mit einem Kreis um die Messstelle hervorgehobenen Stellen werden für die Auswertung der Kernkompression nicht herangezogen, nach Fuchs und Körner [84].

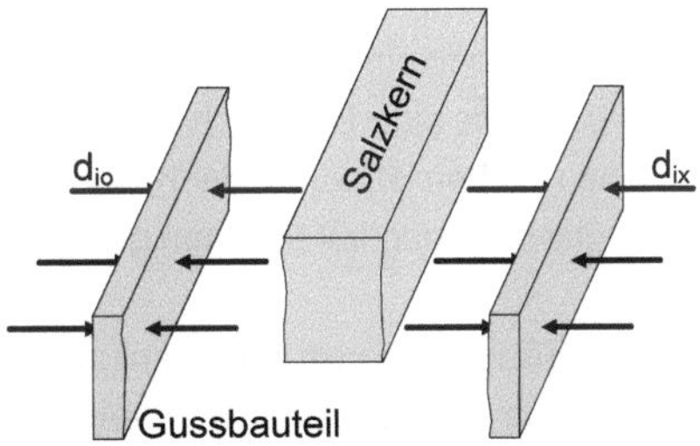

Abbildung 3.14: Schematische Skizze zur Demonstration der Ermittlung der relativen Kernkompression, die über die Messung der beiden Wandstärken der jeweils dem Salzkern gegenüberliegenden Seiten des Versuchsgussbauteils erfolgt.

Die Ermittlung der beiden jeweils gegenüberliegenden Wandstärken des Bauteils, siehe Abb. 3.14, ermöglicht so nach Fuchs und Körner [84] durch den Bezug auf die Sollwandstärken des Bauteils die Berechnung der relativen Kompression des Salzkerns im Gießprozess ζ als arithmetischen Mittelwert aller acht Messungen einer Probe:

$$\zeta = \frac{1}{n} \sum_{i=1}^{n} \frac{(d_0 - d_{i0}) + (d_x - d_{ix})}{d_{Kern}} \tag{3.10}$$

d_0	=	Nennwandstärke der angussnahen Bauteilwand	(mm)
d_{i0}	=	Wandstärke an i-ter Messstelle	(mm)
d_x	=	Nennwandstärke der angussfernen Bauteilwand	(mm)
d_{ix}	=	Wandstärke an i-ter Messstelle	(mm)
d_{Kern}	=	Nenndicke des Salzkerns	(mm)
n	=	Anzahl der Messstellen	(-)

Die jeweiligen Mess- und Sollwerte der Wandstärken sind um die thermische Dehnung des Salzkerns zu korrigieren, um das Vorwärmen berücksichtigen zu können:

$$d_{Kern} = d_{Kern}(25\,^\circ C) \cdot \left(1 + \alpha_{NaCl} \cdot (T_{Salzkern} - 25\,^\circ C)\right) \tag{3.11}$$

Durch diese Vorgehensweise werden über die Ermittlung der Kernkompression hinaus die Abweichung in der Lagerung des Kerns in den Kernmarken sowie eine dem Kern selbst innewohnende Verformung kompensiert, indem die gegenüberliegenden Wandstärken stets zusammen berücksichtigt werden.

Für die Wandstärkenvermessung der Versuchsbauteile mit geringerer Oberflächenrauheit, d.h. $R_z \leq 100\,\mu$m, wie sie z.B. typisch für die mit nassgepressten Kernen (siehe 3.7, Seite 59) abgegossenen Proben ist, wurde der Kroeplin OD1020 Schnelltaster direkt verwendet. Auch hier erfolgte die Messung auf 0,01 mm genau.

Für die Emil-Müller-Salzkerne wurde aufgrund der geringen geometrischen Abweichungen ein Mittelwert aus der geometrischen Vermessung von 150 Kernen als Bezugsgröße verwendet. Für die Betrachtung der Kernverformung der trocken- und nassgepressten Kerne wurde jeder dieser Kerne vor dem Abguss vermessen und die durch die Vorwärmung bedingte thermische Dehnung berücksichtigt.

3.4 In Gießsimulationen verwendetes Modell

Für eine simulationsgestützte Abbildung der in Gießexperimenten beobachteten Phänomene wurde die Strömungssimulations-Software Flow3D von FlowScience Inc. verwendet. Ab der Version 10 bietet dieser kommerzielle CFD-Solver die Möglichkeit, in einer gekoppelten Füll- und FEM-Simulation mit der Fluid-Struktur-Interaktion (FSI) durch die strömende Schmelze verursachte mechanische Spannungen im Salzkern darzustellen.

Die Berechnung der Schmelzebewegung erfolgt anhand der Volume of Fluid-Methode (VOF) nach Hirt und Nichols [89]. Um mechanische Spannungen auszuwerten zu können, ist es dem Benutzer dabei möglich, die elastischen Eigenschaften eines Festkörpers durch die Angabe zweier beliebiger elastischer Eigenschaften aus K, G, E oder ν festuzulegen. Dabei sind K und G der Kompressions- sowie der Schubmodul, E der Elastizitätsmodul und ν die Querkontraktionszahl [90]. Hier besteht die Möglichkeit, die mechanischen Eigenschaften eines Festkörpers in tabellarischer Form anzugeben, um deren Temperaturabhängigkeit abbilden zu können.

In den in dieser Arbeit verwendeten Modellen wird die Wärmeleitung allerdings nicht berechnet, um Rechenzeit einzusparen. Bei Formfüllzeiten von etwa 30 ms und weniger wird so der Temperatureinfluss durch die Schmelze vernachlässigt.

Betrachtet man nämlich den Wärmeübergang zwischen Salzkern und Schmelze mit Hilfe des Fourierschen Gesetzes als vereinfachten Fall zweier paralleler Wandflächen,

$$\dot{Q}_{Heat} = \frac{\lambda}{d^*} \cdot A_{Kern} \left(T_{w1} - T_{w2}\right); d^* = \frac{d_{Salzkern}}{2} = 11,5\,mm \tag{3.12}$$

wenn mit der Wärmeleitfähigkeit von Natriumchlorid $\lambda_{NaCl}(100\,^\circ C)$ =5,78 W (m K)$^{-1}$ [91] die Wandtemperatur T_{w1} als die Temperatur der einströmenden Schmelze $T_{Schmelze}$ angenommen wird,

$$T_{w1} = T_{Schmelze} = 630\,^\circ C$$

und die Temperatur in der Kernmitte der Vorwärmtemperatur entspricht, T_{w2} =125 °C, unter der Voraussetzung, dass im extremsten Falle der Wärmeeintrag über die komplette Umfangsfläche des Salzkerns erfolgt, so ergibt sich für einen idealen Wärmeübergang:

$$\Delta T = \frac{\dot{Q}_{Heat} \cdot \Delta t}{m_{Salzkern} \cdot c_{p,NaCl}} \tag{3.13}$$

Bei der Betrachtung der gesamten, maximalen Formfüllzeit von 30 ms ergibt sich so unter Vernachlässigung von Wandeffekten und Randschichtbildung bei einer spezifischen Wärmekapazität von $c_{p,NaCl}$ =853 J (kg K)$^{-1}$ [24] eine Erhöhung der Temperatur von 0,7 K im Kerninneren. In Anbetracht aller dieser Betrachtung zugrunde liegenden Vereinfachungen ist somit die Vernachlässigung thermischer Modelle in den Simulationen zulässig.

Für die Abbildung der temperaturabhängigen Eigenschaften der Salzkerne werden die bei der jeweiligen Temperatur ermittelten Werkstoffkennwerte aus RFDA- und Drei-Punkt-Biege-Versuchen, siehe 3.1.2 , sowie die Querkontraktionszahl ν_{NaCl} =0,16 nach Lohkämper [28] als Eingangsparameter der für die Durchführung der Simulation notwendigen mechanischen Eigenschaften des Salzkerns verwendet.

Der Solver bildet die lokal wirkenden Drücke im Fluid als äußere Spannungen auf die Grenzflächen zwischen Schmelze und Festkörper ab. Dabei werden Scherspannungen vernachlässigt. Mit dem von der Grenzfläche nach außen weisenden Normalenvektor $\vec{n}$ wird die äußere Spannung $\vec{\sigma}^{n+1}$ nach Brethour und Isfahani [90] für den nächsten Zeitschritt $n+1$ aus dem lokal im Fluid wirkenden Druck p berechnet:

$$\vec{\sigma}^{n+1} = -\vec{n} \cdot p \tag{3.14}$$

Der Druck wird dabei für jede Grenzfläche des FSI-Netzes aus dem Fluid-Netz mit Hilfe einer 8-Werte-Matrix berechnet, wobei nur Fluid-Zellen berücksichtigt werden, in denen sich tatsächlich Schmelze befindet. Zwar wird die Position der Festkörpergrenzfläche innerhalb des Fluid-Netzes während der Berechnung nicht verändert, da aber nur auf den Salzkern wirkende elastische Spannungen Berücksichtigung finden und dieser spröde versagt, wird dies als zulässige Näherung betrachtet.

Nachdem eine Kontrollrechnung der Formfüllung anhand eines vollständigen Modells mit Hilfe des General Moving Object (GMO)-Modells [92] von Flow3D zur Abbildung der Kolbenbewegung erfolgte, konnten die modellhafte Abbildung der Gießkammer und des Gießlaufs entfallen und die Formfüllung der Kavität auf die Geometrie ab dem Tangentialanschnitt in das Bauteil und einen Teil des Überlaufs reduziert werden.

Für die Berechnung der hydrodynamischen und mechanischen Wechselwirkung zwischen Schmelze und Salzkern für sowohl die FDM- als auch die FEM-Berechnung wurde jeweils ein hexaedrisches Netz generiert, wie es in Abb. 3.15 skizziert ist.

Für die Durchführung der Simulation wurde zunächst eine isotrope Kantenlänge der Zellen von 0,5 mm für die Berechnung des Fluids gewählt. Mit dieser feinen Auflösung wird im betrachteten Modell sichergestellt, dass sowohl die Geometrie des Anschnitts als auch des Überlaufs innerhalb mindestens dreier Zellen abgebildet wird.

Wie das FDM-Netz wurde auch der Knotenabstand in der gekoppelten FEM-Struktursimulation des FEM-Netzes auf 0,5 mm festgelegt. Die Wahl der gleichen Auflösung erfolgte, um die auf der Oberfläche wirksamen Staudrücke nicht durch Rundungen und Wichtungen des Solvers an den Zellgrenzen zu verfälschen.

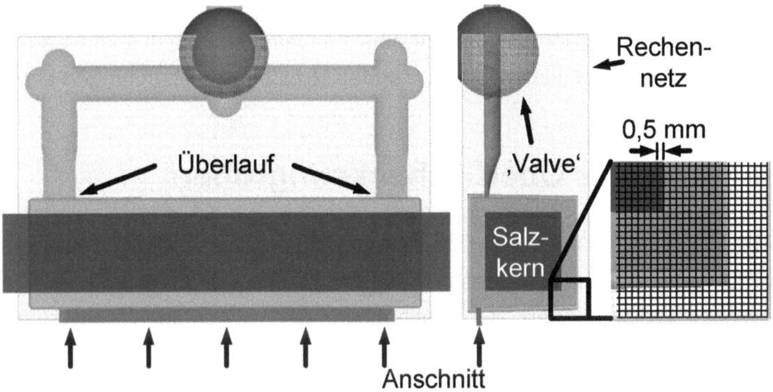

Abbildung 3.15: Kavität des Versuchs-Druckgussbauteils mit dem Salzkern-Riegel. Sowohl für die Kavität als auch den Salzkern wird ein Hexaeder-Netz verwendet, nach Fuchs et al. [78] und Fuchs und Körner [85].

Um einen eventuellen Einfluss der Netzauflösung feststellen zu können, wurde die Geometrie zudem mit zwei gröberen, isotropen Netzauflösungen von jeweils 1 mm und 2 mm sowohl für das FDM- als auch für das FEM-Netz durchgeführt. Hierzu wurden allerdings im Anschnitt und im Bereich des Übergangs zum Überlauf sogenannte nested mesh-blocks, also in das umgebende Netz eingebettete Netze feinerer Auflösung von weiterhin 0,5 mm eingebracht, um dort die geringen Querschnitte zuverlässig abbilden zu können.

Die Abbildung der in Gießversuchen vorhandenen Evakuierung des Formhohlraums wird in Flow3D mit Hilfe des Valve-Modells ermöglicht. Nach Carter [93] werden hier auch reibungsbedingte Verluste und die Kombressibilität der Luftströmung durch einen kumulativen, sogenannten Valve Loss Coefficient abgebildet. Zur simulationsgestützten Abbildung der in den Gießversuchen verwendeten Anschnittgeschwindigkeiten wurde eine Geschwindigkeitsrandbedingung am unteren Rand des FDM-Netzes vorgegeben. Über diese Vorgabe wurden so Simulationen mit $15\,m\,s^{-1}$, $20\,m\,s^{-1}$, $25\,m\,s^{-1}$, $30\,m\,s^{-1}$ und $35\,m\,s^{-1}$ gerechnet und ausgewertet.

Zur objektiven Auswertung der Simulationen wurden zunächst die in der Berechnung auftretenden, maximalen Vergleichsspannungen nach der Normalspannungshypothese aufgezeichnet. In Flow3D werden diese mit mean iso stress bezeichnet und bilden die keramischen Eigenschaften der Salzkerne ab. Ausgelesen werden sie mit einem MathWorks Matlab®-Skript für jedes Prozent des Füllgrads der Kavität. Die Ausgabe des Solvers erfolgt in diesem Falle nicht zeitbasiert, um die Simulationen mit verschiedenen Anschnittgeschwindigkeiten direkt anhand des Füllgrades der Kavität ohne Umrechnungen miteinander vergleichen zu können.

Durch den Abgleich mit experimentellen Ergebnissen lässt sich so das verwendete Modell direkt anhand der in den Simulationen auftretenden Hauptnormalspannungen evaluieren.

3.5 Ermittlung der Oberflächenkenngrößen

Die in 2.5 beschriebenen, linienbasierten Kenngrößen wurden mit Hilfe des sogenannten Tastschittverfahrens ermittelt. Die Beschreibung der Ermittlung der flächenbasierten Kennwerte erfolgt anschließend anhand der Beschreibung des verwendeten Messgeräts.

3.5.1 Tastschnittverfahren

Die Erfassung einer Oberfläche in einem linienbasierten Verfahren erfolgt taktil, das heißt ein Messwertwandler, in diesem Fall der Rauheitsmesstaster, wird von einer motorisch angetriebenen Einrichtung, dem Vorschubgerät, gleichmäßig über die zu vermessende Oberfläche bewegt und überträgt nach Sorg [82] die dabei aufgenommenen Messwerte an ein entsprechendes Datenerfassungssystem.

Abbildung 3.16: Auf der Oberfläche des Salzkerns und des Gussteils sind die Gesamtmessstrecken zur Ermittlung der linienbasierten Rauheitskennwerte gekennzeichnet. Für die Gussteilhälften liegt diese außermittig, um eine Beeinflussung durch die in der Mitte erfolgende Wandstärkenmessung zu vermeiden.

Dieses in der DIN EN ISO 3274 [94] beschriebene Tastschnittverfahren kam zur Ermittlung der betrachteten Oberflächenkennwerte zum Einsatz. Der verwendete Turbo Wave V7.20

der Firma Hommelwerke erfasste dazu auf einer Gesamtstrecke von 48 mm fünf Einzelmessstrecken von jeweils acht Millimetern Länge, l_r =8 mm. Die Vor- und Nachlaufstrecken von jeweils $\frac{1}{2}\, l_r$ =4 mm dienten dabei der Findung der Profilmitte und dem Abklingen von Einschwingvorgängen.

Die Messstrecke wurde aufgrund der Gleichmäßigkeit der Gussteiloberfläche auf einer Oberfläche der planparallelen Seiten des Gussstücks durchgeführt. Dabei wurde die Gesamtmessstrecke $6 \cdot l_r$ wie in Abb. 3.16 außerhalb der Mitte angelegt, um eine gegenseitige Beeinflussung mit den durchgeführten Wandstärkenmessungen am Gussbauteil ausschließen zu können.

Die Erfassung der Oberflächenrauheiten dient dabei der Vergleichbarkeit der verschiedenen untersuchten Kernsysteme hinsichtlich ihrer im Guss, d.h. auf dem Gussbauteil, erreichbaren Oberflächenqualität sowie dem Vergleich der Rauheiten der Kern- und der Gussteiloberfläche.

3.5.2 Analyse der Bild- und Profildaten aus der Erfassung mit dem Weißlichtsensor

Zur Erfassung der Oberflächentopographie und Ermittlung der flächenbasierten Oberflächenkennwerte der Proben kam ein FRT-MicroProf 200 der Firma Fries Research & Technology (FRT) GmbH zum Verwendung. Das Messgerät verfügt über einen maximalen Rasterbereich von $200 \cdot 200\,\text{mm}^2$ und weist einen maximalen Vorschub von $100\,\text{mm}\,\text{s}^{-1}$ auf. Das mit einem chromatischen Weißlichtsensor ausgestattete System ermöglicht einen maximalen Hub in z-Richtung, d.h. in Richtung der sich als Rauheit äußernden Erhabenheiten auf der Oberfläche, von 3 mm. Durch die maximale Probengröße von 50 mm und eine maximale Bauteilmasse von 1000 g konnten die vorhandenen Gussprobenhälften ohne weitere Vorbereitung mit Hilfe des Systems vermessen werden.

Neben der Ermittlung der in der DIN EN ISO 4287 [95] definierten, linienbezogenen Kenngrößen bietet dieses Messsystem die Möglichkeit, aus den gefilterten Topographiedaten auch nicht genormte, flächenbezogene Rauheitskennwerte zu berechnen. Im verwendeten Mark III-System sind dies die flächenbezogene, gemittelte Rauhtiefe, sR_{z25}, die der Übersichtlichkeit halber als sR_z aufgeführt wird

$$sR_z,\, sR_{z25} = \frac{1}{25} \sum_{i=1}^{5} \sum_{j=1}^{5} R_z(i,j) \tag{3.15}$$

und die als Vergleichswert dienende maximale, flächenbezogene Rauhtiefe, sR_{max25}, die in ähnlicher Weise im Folgenden als sR_{max} benannt wird:

$$sR_{max}, sR_{max25} = \max\left(R_z(i,j)\right) \quad (3.16)$$

Beide Kennwerte werden hierbei jeweils aus fünf Mal fünf Teilflächen berechnet. Wie in Tab. 3.1 illustriert und in Gleichung (3.15) sowie Gleichung (3.16) schon dargestellt, wird zunächst der R_z-Wert aus den verfügbaren 3D-Bilddaten für jeden Einzelmessbereich berechnet und anschließend für die Kennwertberechnung arithmetisch gemittelt.

Tabelle 3.1: Einteilung der Messfläche der zu charakterisierenden Oberfläche in 25 Einzelmessbereiche analog der Ermittlung der gemittelten, linienbasierten Rautiefe R_z

$R_z(1,5)$	...			
$R_z(1,4)$	...			
$R_z(1,3)$	...			
$R_z(1,2)$	...	...	...	...
$R_z(1,1)$	$R_z(2,1)$	$R_z(3,1)$	$R_z(4,1)$	$R_z(5,1)$

Die flächenbezogene Erfassung der Oberflächenrauheit durch das Weißlichtsystem bietet über die reine Kennwerterfassung hinaus den Vorteil, die Oberfläche überhöht graphisch darstellen zu können. Auf diese Darstellungen wird aufgrund der hervorrangenden Widergabe der Oberflächeneigenschaften von Kernen und Gussteilen im Abschnitt 4.3 (s. Seite 91ff) eingegangen werden.

3.6 Abwandlung des Herstellungsverfahrens der Salzkerne

Aus der vorhergehenden Charakterisierung der für den Einsatz im Leichtmetalldruckguss vorgesehenen Salzkerne der Emil Müller GmbH ergeben sich vornehmlich drei Herausforderungen hinsichtlich einer prozesstechnischen Optimierung:

- Kernbruchverhalten
- Kompressionsverhalten
- Oberflächenqualität nach dem Abguss

Ein optimales Kernsystem böte damit aufgrund seiner höheren Biegefestigkeit - gerade bei der gewählten Kernvorwärmtemperatur - ein optimiertes Kernbruchverhalten und würde sich auch bei höchsten aufgebrachten Nachdrücken nicht plastisch komprimieren lassen sowie darüberhinaus eine Oberflächenqualität abbilden, die mit den konventionell durch Druckgusswerkzeuge abgebildeten Oberflächen zumindest vergleichbar ist.

Eine weitere Überlegung geht dahin, den Sinterprozess mit all seinen Nachteilen, nicht zuletzt aus Gründen der Wirtschaftlichkeit, vollständig entfallen zu lassen oder zumindest bei geringeren Temperaturen durchführen zu können. Die genannten Emil Müller Kerne beinhalten zudem das auch als Borax bezeichnete Dinatriumtetraborat-Decahydrat als Sinterhilfsmittel. Da dieser Stoff sowohl als giftig als auch fruchtschädigend eingestuft ist [96], sind die bei der Entkernung von Gussteilen anfallenden Abfälle hinsichtlich ihrer Entsorgung als höchst kritisch einzustufen und eine Verwendung in einem alternativen Kernsystem auch in geringen Mengen möglichst zu vermeiden. Zudem ist der notwendige Sintervorgang selbst zu betrachten. Eine Erwärmung auf die Sintertemperatur von über 650 °C bei einer derart hohen thermischen Dehnung, wie sie das Natriumchlorid aufweist, heißt, dass sowohl Aufheiz- als auch Abkühlphase des Sintervorgangs genau kontrolliert und extrem schonend und damit zeitintensiv erfolgen müssen. Die damit verbundenen Investitionen in eine industrielle Ofentechnik und Kosten aufgrund der benötigten Energie stehen einer wirtschaftlichen Attraktivität dieser Technologie im Wege.

Im Folgenden wird deshalb auf zwei aus diesen Überlegungen hervorgegangene, alternative Herstellungsmethoden von Salzkernen durch Pressen eingegangen.

3.7 Pressen von Salzkernen mit alternativen Verfahren

Um Salzkerne in der gleichen Geometrie der Emil Müller Kerne, siehe auch Abb. 3.2 (Seite 39), in einem Pressverfahren in der für Gießversuche und Charakterisierung benötigten Menge darstellen zu können, wurde zunächst das in Abb. 3.17 dargestellte Werkzeug konzipiert, konstruiert und aufgebaut. Das Pressen der Kerne erfolgt in diesem Werkzeug nach dem Prinzip des uniaxialen Pressens mit fliegender Matrize.

Die eindeutige Orientierung des mit bis zu einer Kraft von 500 kN betätigten Oberstempels zum starren Unterstempel erfolgt bei diesem Werkzeug durch zwei Führungssäulen bzw. -buchsen auf einer hydraulischen Abgratpresse des Typs Weko C50. Die Auf- und Abbewegung der fliegenden Matrize wird durch zwei Pneumatikzylinder mit entsprechender Schaltkulisse betätigt und durch zwei Führungslaschen gegenüber dem Unterstempel geführt. Ober- und Unterstempel sind zur Verschleißminimierung mit einer Chromcarbonitrid-Schicht (CrCN) beschichtet, die darüberhinaus einen Korrosionsangriff auf den verwendeten Werkzeugstahl wirkungsvoll hemmt.

Abbildung 3.17: Presswerkzeug für verlorene Salzkerne mit einer Länge von 130 mm und einem quadratischen Querschnitt von 23 mm Kantenlänge. Links benannt befinden sich die für die Verdichtung der Pulvervorlage wirksamen Bauteile; Oberstempel, Unterstempel und fliegende Matrize. Rechts sind die werkzeugseitigen Hilfsaggregate und Zentrierhilfen benannt.

Der prinzipielle, verfahrenstechnische Pressvorgang ist dabei für alle beschriebenen Verfahren identisch. Die Dosierung der Vorlage erfolgt in den geschilderten Verfahren nicht mehr volumetrisch über die Geometrie der Kavität, sondern gravimetrisch, da die verwendeten Salzvorlagen nicht mehr rieselfähig sind. Zu Beginn des Prozesses wird deshalb nach dem Verfahren der Matrize in deren oberste Position eine definierte Menge an Salzvorlage eingewogen und in die Kavität eingebracht.

Nach der Befüllung der Kavität taucht der Oberstempel beim Herunterfahren zunächst 3 mm in die Matrize ein. Diese wird dann von den auf der Matrize positionierten Anschlägen durch den Oberstempel gegen den starren Unterstempel weggeregelt nach unten verfahren bis die gewünschte Position des Oberstempels oder der maximale Hydraulikdruck der Anlage erreicht wird. Bei wieder hochgefahrenem Oberstempel erfolgt das Auswerfen des Kerns durch Fahren der Matrize in die unterste Stellung mit Hilfe der Pneumatikzylinder. Somit liegt der Kern vollständig frei nur noch auf der Oberseite des Unterstempels auf und kann aus dem Aufbau entnommen werden. Mit dem erneuten Fahren der Matrize in deren oberste Stellung beginnt durch die Dosierung der Salzvorlage der Vorgang von Neuem.

Zur Darstellung von Salzkernen kamen zwei unterschiedliche Varianten des Pressverfahrens zum Einsatz. Diese werden im Folgenden vorgestellt.

3.7.1 Trockenpressen

Ein erster Ansatz zur Verbesserung der mechanischen Eigenschaften, der relativen Ausgangsdichte und insbesondere der Oberflächenqualität erfolgte durch den Einsatz feineren Salzes als Ausgangspulver.

Dazu wurde zunächst das für die Emil Müller Kerne verwendete, handelsübliche Natriumchlorid-Gewerbesalz der Fa. esco, european salt company GmbH & Co. KG, mit einer spezifizierten Körnung von 0,16 mm bis 0,7 mm mit einem Laserdiffraktometer des Typs Malvern Mastersizer 2000 am Lehrstuhl für Glas und Keramik der Universität Erlangen-Nürnberg analysiert. Hier ergab sich die in Abb. 3.18 dargestellte Korngrößenverteilung mit einem mittleren Korndurchmesser von 431 μm. Der mittlere Korndurchmesser wird hier sowie auch im Folgenden als der Mass Median Diameter (MMD) angenommen.

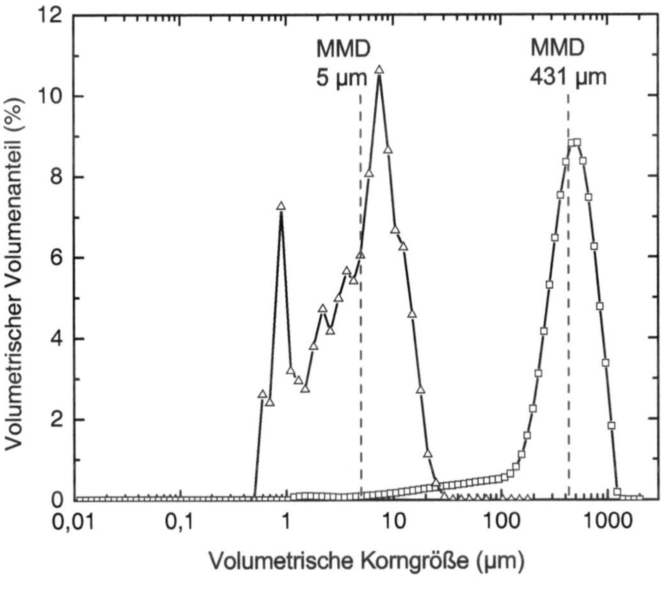

Abbildung 3.18: Volumetrische Körngrößenverteilungen des esco Gewerbesalzes sowie des auf 5 μm vermahlenen Salzes mit den entsprechenden volumetrischen, mittleren Korndurchmessern (MMD).

Dieses Salz wurde durch die Fa. PMT Jetmill GmbH in Kammern, Österreich, vermahlen, wodurch NaCl-Pulver mit einem MMD von 5 μm für die Abpressversuche zur Verfügung stand. Der mitsamt der entsprechenden Korngrößenverteilung in Abb. 3.18 dargestellte Wert des MMD wurde mittels eines Sympatec Helos HZ383 Laserdiffraktometers von der Fa. PMT ermittelt und zur Verfügung gestellt.

Für die Herstellung der Kerne wurde jeweils eine Menge von etwa 127 g des nicht speziell gelagerten und deshalb vor dem Abpressen deagglomerierten Pulvers eingewogen, in die Kavität der Matrize eingebracht und mit dem maximal verfügbaren Hydraulikdruck verpresst, was einem auf die Kernoberfläche wirksamen Druck von 165 MPa entspricht. Nach der Entformung der Kerne wurden diese ohne weiteren Sinterprozess weiterverwendet, sei es zu Zwecken der Charakterisierung oder der Durchführung von Gießversuchen. Lediglich zur längeren Lagerung der Kerne wurden diese bei leicht erhöhter Temperatur von 55 °C in einem Trockenschrank aufbewahrt. Das Vorwärmen auf die Temperatur zum Abguss erfolgte nach der in 3.2.2 (Seite 50ff) erläuterten Vorgehensweise.

Aus den Erfahrungen mit dem vorangehend beschriebenen Trockenpressverfahren entstand ein weiteres, alternatives Verfahren für die Verdichtung technisch reinen Natriumchlorids.

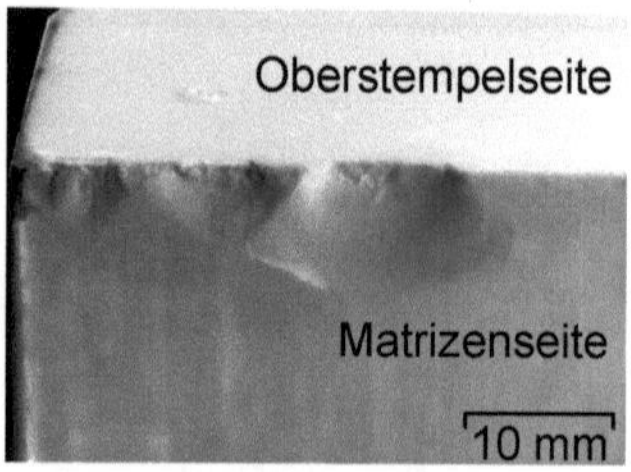

Abbildung 3.19: Ausbruch an der Kante eines mit MMD 5 μm trocken gepressten Salzkerns. Aufgrund innerer Reibung entstehen verschieden verdichtete Bereiche innerhalb des Presslings. Dies äußert sich aufgrund der keramischen Eigenschaften des Natriumchlorids häufig als Ausbruch an der Kernoberfläche am Übergang zwischen von Oberstempel und Matrize abgebildeter Seiten.

Aufgrund der enormen inneren Reibung beim Verpessen trockener Pulver erfolgt die Verdichtung der vorgelegten Pulverschüttung ungleichmäßig. Dies äußert sich sehr offensichtlich an makroskopischen Aus- und Abbröckelungen auf der direkt unter dem Oberstempel liegenden Seite der Salzkerne, wie sie in Abb. 3.19 zu sehen sind.

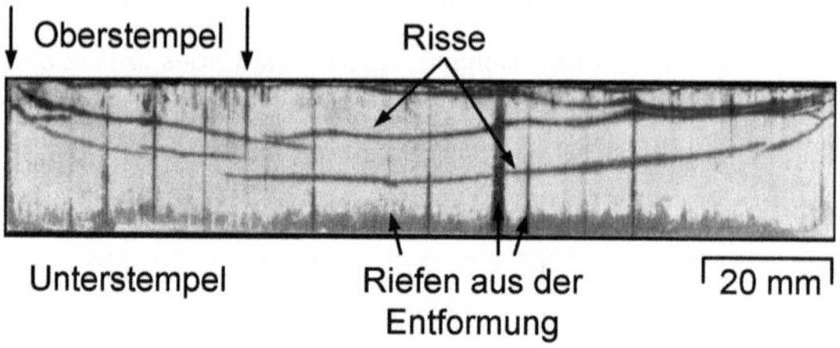

Abbildung 3.20: Trocken gepresster Salzkern mit durch eine konventionelle Farbeeindringmethode sichtbar gemachte Risse. Aufgrund der hohen inneren Reibung werden einzelne Bereiche nicht gegeneinander verdichtet.

Des Weiteren sind reibungsbedingt Fehlstellen zwischen unterschiedlich verdichteten Bereichen vorhanden. Nach der Entlastung und dem entsprechenden Rückgang elastischer Verformung sind diese mit Hilfe einer konventionellen Farbeindringmethode als auf voller Länge durch den Kern laufende Risse, Abb. 3.20, feststellbar.

Über die Schwierigkeiten gleichmäßiger Verdichtung hinaus sind aufgrund der enormen inneren Reibung beim Verpessen trockener Pulver zudem der erreichbaren Verdichtung an sich Grenzen gesetzt. So beschreibt Chagnon [97], dass reine Metallpulver, d.h. ohne in die Pulvermischung zugegebene Schmiermittel, eine gute Verdichtbarkeit vorausgesetzt, sich bis zu Pressdrücken von 620 MPa sehr gut verdichten lassen. Weitere Steigerungen in der erreichbaren Verdichtung sind nur durch die Zugabe von reibungsmindernden Additiven, wie etwa Graphit, bei der Aufbringung höchster Verdichtungsdrücke zwischen 690 MPa und 950 MPa erreichbar. Die auf diesem Wege in einem Pressverfahren maximal erreichbare relative Dichte liegt, bedingt durch die elastische Rückfederung des Grünlings, bei etwa 98 %.

Mit dem Hintergrund, dass derartige Additive in einem für die Applikation im Druckguss bestimmten Salzkernsystem bei dessen Entsorgung Berücksichtigung finden müssen sollte deshalb optimalerweise gänzlich auf solche verzichtet werden. Darüberhinaus sind erforderliche Pressdrücke im Bereich von 950 MPa bei der Herstellung von insbesondere größeren Salzkernen auf industrieller Skala nur schwerlich darstellbar und die damit einhergehenden Anlageninvestitionen würden das gesamte Verfahren derart verteuern, dass eine Wirtschaflichkeit nicht mehr gegeben wäre.

3.7.2 Nasspressen

Auf der Suche nach einer zweckmäßigen Verdichtungsmethodik, die im besten Falle auch ohne einen zeit-, energie- und kostenintensiven Sinterprozess auskommt, stellte sich die Verwendung von Wasser als Prozesshilfsmittel als mögliche Lösung heraus.

Zur Herstellung der Kerne wurde in einem Rührgefäß eine Menge von 5 kg Wasser vorgelegt. Dazu wurden unter Rühren mit einem Quirl solange eine Menge von insgesamt 12,5 kg Salzpulver zugegeben, bis ein grauer, pastöser, leicht brockiger Salzschlicker mit einem Wasseranteil von 29 Gew.-% entstand. Diese Mischung, die mit dem auch in den Trockenpressversuchen verwendeten Salz mit einem MMD von 5 μm angesetzt wurde, ließ sich allerdings in dem Riegel-Presswerkzeug nur bedingt verpressen, da die feineren Anteile des Pulvers durch den Spalt zwischen Matrize und Stempeln gedrückt wurde. Um dieses Problem zu umgehen, wurde von der Fa. PMT Jetmill GmbH in Kammern, Österreich, vermahlenes Salz mit einem größeren MMD von 26 μm, siehe Abb. 3.21, für die Darstellung der Salzkernriegel verwendet. Dieser Kennwert wurde mit Hilfe des Malvern Mastersizer 2000 am Lehrstuhl für Glas und Keramik ermittelt.

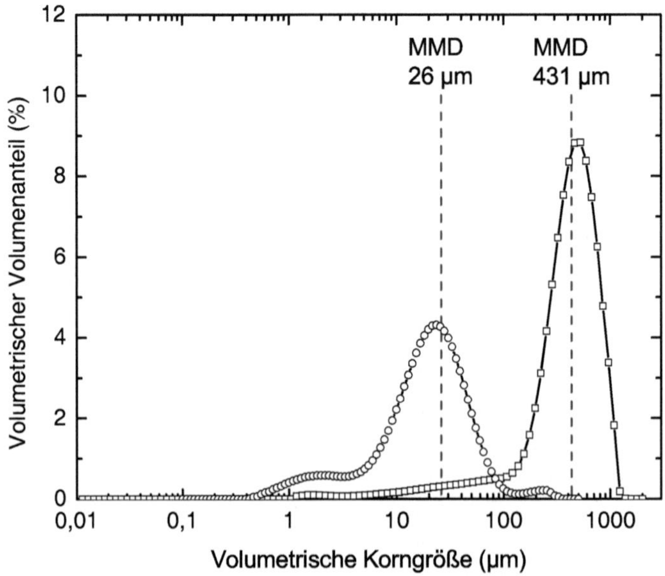

Abbildung 3.21: Volumetrische Körngrößenverteilungen des esco Gewerbesalzes sowie des auf 26 μm vermahlenen Salzes mit den entsprechenden volumetrischen, mittleren Korndurchmessern (MMD).

Da beim Benetzungsprozess des Salzes mit dem vorgelegten Wasser eine Bildung von Agglomeraten einsetzt, wurde der Rührprozess solange durchgeführt, bis alle mit dem Auge wahrnehmbaren Salzagglomerate aufgelöst und der Schlicker vollständig homogenisiert waren. Auf eine vorhergehende Deagglomeration des luftfeuchtigkeitsbedingt klumpenden NaCl-Pulvers konnte bei dieser Vorgehensweise verzichtet werden.

Eine durch Entmischung bedingte, stetige Variation der Anteile von Wasser und Salz in der Vorlage führen durch die Wegregelung der Presse zu Abweichungen in Dichte und geometrischen Abmaßen bei der Herstellung von Kernen. Aufgrund dieser beschriebenen Entmischung des Salzschlickers muss dieser regelmäßig, optimalerweise kontinuierlich umgerührt werden. Ohne Berücksichtigung der späteren Endabmessungen der Kerne wurde von diesem Schlicker zum Verpressen eine Vorlage zwischen 210 g und 235 g abgewogen und in die Kavität der Matrize eingebracht.

Durch das anschließende Herunterfahren des Oberstempels und der Matrize gegen den Unterstempel und das Halten des maximalen Hydraulikdrucks wird im Zuge der Verdichtung Salzlösung aus der Vorlage ausgetrieben. Beim Aufbringen der Kraft auf die Stempel entweicht die Lösung durch den Spalt zwischen Stempeln und Matrize des Werkzeugs. Die dabei ausgetriebene Wassermenge entspricht im Mittel 35 % der Gesamteinwaage der Vorlage. Es entstehen Salzkerngrünlinge, die zwar schon eine Grünfestigkeit aufweisen, die zur manuellen Handhabung ausreicht, für einen direkten Einsatz im Gießprozess allerdings noch zuviel Wasser in den Kernen enthalten. Dieses muss in einem anschließenden Trocknungsprozess ausgetrieben werden, um die so hergestellten Kerne entsprechend im Druckgussprozess zum Einsatz bringen zu können.

Um sicherzustellen, dass kein Wasser mehr in den Kernen vorhanden ist, wurden die Kerne jeweils 48 h im Umluftofen bei 35 °C, 55 °C und 75 °C gehalten. Ein letzter Schritt beinhaltete das Tempern der Kerne bei 125 °C für 24 h. Anschließend kühlten die Kerne in der Ofenatmosphäre ab. Durch den Ofentrocknungsprozess wurden den Kernen im Mittel weitere 2 % des Pressgewichts an Wasser entzogen. Eine darüberhinausgehende Trocknung führte zu keinem weiteren Austreiben an Masse, womit nach dem vierstufigen Trocknungsvorgang von hinreichend trockenen Kernen ausgegangen wurde. Eine Optimierung des Trocknungsprozesses wurde nicht durchgeführt.

Neben dem Salz mit einem MMD von 26 μm wurden auf die gleiche Art und Weise Riegel aus dem nicht gemahlenen Gewerbesalz, also mit einem MMD von 431 μm hergestellt. Um eine zumindest ähnliche Konsistenz wie beim feineren Salz zu erreichen, wurde bei der gleichen Wasservorlage von 5 kg allerdings aufgrund der geringeren inneren Oberfläche eine Menge von 22 kg Natriumchlorid zugegeben, was einem Wasseranteil von 19 Gew.-% entspricht.

Eine stark ausgeprägte Entmischung der Komponenten fand bei diesem Kernsystem nicht statt. Die Einwage an Salzvorlage konnte so bei 185 g beibehalten werden, ohne Unterschiede in der erreichten Dichte der Salzkerne wahrnehmen zu können. Der beim Pressen der mit grobem Salz nassgepressten Kerne ausgetriebene Anteil an Lösung belief sich im Mittel auf 23 Gew.-% der Vorlage. Zum Trocknen der Kerne wurde der vorhergehend beschriebene, gleiche vierstufige Trocknungsprozess durchgeführt. Im Mittel entwichen hierdurch 1,8 Gew.-% des Pressgewichts der Kerne.

Die Charakterisierung der temperaturabhängigen mechanischen Eigenschaften sowie die Gießversuche mit den so hergestellten Salzkernen erfolgten analog der Vorgehensweise für die Emil Müller Kerne.

3.8 Ölwannenoberteil (ÖWOT) als Anwendungsbeispiel

Zur Demonstration der technologischen Leistungsfähigkeit der Salzkerntechnologie im Leichtmetall-Druckguss wurde ein Salzkerneinleger zur Abbildung einer komplex hinterschnittigen Kontur, insbesondere eines druckölführenden Kanals, für ein Audi V8 TFSI Ölwannenoberteil (ÖWOT) erstellt, wie es in Abb. 3.22 als eingefärbte Geometrie in der transparent dargestellten Ölwannenkontur und in Abb. 3.23 am aus zwei Positionen dargestellten Salzkern gezeigt ist.

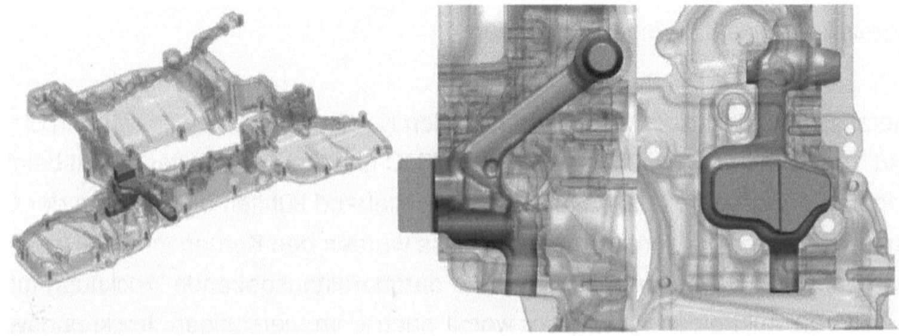

Abbildung 3.22: Salzkern als blaue Kontur zur Darstellung einer hinterschnittigen Geometrie in einem V8 TFSI Ölwannenoberteil, die hier grautransparent dargestellt wird.

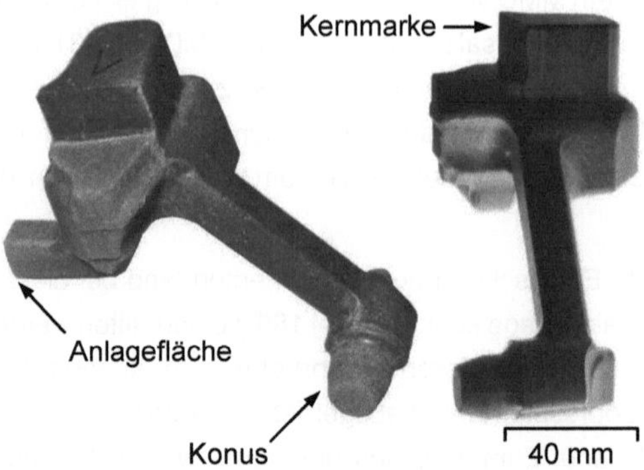

Abbildung 3.23: Salzkern zur Abbildung eines druckölführendenden Kanals im Ölwannenoberteil V8 TFSI. Die Kernlagerung erfolgt über das Einstecken der Kernmarke in die entsprechende Vorhaltung in der Auswerferformhälfte des Druckgusswerkzeugs. Zusätzlich wird der Konus durch das entsprechende Gegenstück in einem Konturschieber aufgenommen und sichert den Kern so gegen mögliches Verkippen.

Die Positionierung des Kerns im Werkzeug erfolgt über eine Kernmarke, vgl. Abb. 3.23, die als Erhebung auf dem Salzkern ausgeprägt ist und in eine entsprechende Aussparung in der beweglichen Formhälfte aufgenommen wird. Um ein Verkippen des Kerns zu verhindern, dient eine Konusgeometrie, die von einem Gegenstück im Konturschieber der Auswerferformhälfte gefangen wird. An dieser Stelle sitzt im konventionell ausgestalteten Prozess eine Pinole, die aufgrund ihrer schlanken Geometrie ebenfalls nur eingeschränkt gekühlt werden kann und aufgrund ihrer angussnahen Position einem regelmäßigen Austausch unterliegt. Eine dritte Positionierhilfe ergibt sich aus der im konventionellen Bauteil über einen Seitenschieber realisierten Kanalgeometrie. Dieser Schieber kann mit dem Salzkern stillgelegt werden und anstatt dessen die Schiebergrundfläche über die Anlagefläche am Salzkern als zusätzliche Stabilisierung dienen.

Aufgrund der komplexen Geometrie des von der Emil Müller GmbH hergestellten Salzkerneinlegers wurden die mechanischen Eigenschaften, insbesondere die relative Ausgangsdichte als die für den Salzkern-Riegel ermittelten Kennwerte angenommen. Auf eine Analyse der auftretenden Kernkompressionen wurde aus gleichem Grund verzichtet. Wegen der geringen Anzahl der abgegossenen Proben wurde zudem auf eine eingehende Analyse des Kernbruchverhaltens verzichtet und die qualitative Abbildbarkeit der darzustellenden Geometrie in den Vordergrund gerückt.

Der Abguss erfolgte mit seriennahen Parametern, d.h. mit einer Anschnittgeschwindigkeit von ca. $38\,\mathrm{ms}^{-1}$ und einem eingestellten Maschinennachdruck von ca. 850 bar[4].

Anhand des verwendeten Salzkerneinlegers lassen sich mehrere durch die Anwendung der Salzkerntechnologie entstehende Vorteile gegenüber dem konventionellen Druckguss aufzeigen:

- Entfall eines langen, dünnen und damit thermisch hochbelasteten Schrägschiebers: Für den druckölführenden Kanal ist hierfür eine lange, schlanke Schiebergeometrie erforderlich, der in der Kontur der Eingussformhälfte sitzt. Aufgrund der dort herrschenden hohen thermischen Last auf dem Hydraulikaggregat ist dieses potenziell die Ursache für vermehrte und außerplanmäßige Instandsetzungsarbeiten. Die Schiebergeometrie selbst führt zu einer eingeschränkten Kühlbarkeit der Spitze und bedingt einen entsprechend hohen Verschleiß, was regelmäßigen Austausch erfordert. Der betätigende Hydraulikzylinder ist hinter der Kontur der Eingussformhälfte montiert und bedingt einen entsprechend raumgreifenden Formrahmen. Aufgrund des langen Wegs und der nötigen Führung wird für die Betätigung des Schiebers ein entsprechend großer Hydraulikzylinder benötigt.

[4] In dieses Werkzeug wurde kein Forminnendrucksensor eingebracht.

- Strömungsgünstige Abbildung der für die Ölversorgung notwendigen Kanalgeometrie: Diese kann an genannter Stelle nicht fertig abgebildet werden. Stattdessen ist ein kostenintensiver Tiefloch-Bohrprozess zur Fertigstellung notwendig. Der Bohrprozess selbst führt aufgrund der scharfen Umlenkungen zu Graten, die sich negativ auf die Strömungsverhältnisse auswirken. Dieses wird mit Hilfe des Salzkerns vermieden, da an allen Übergängen entsprechende Verrundungen vorhanden sind.
- Einbringung eines Hinterschnitts zur Beseitigung einer durch die Flächendichtung vorgegebenen Materialanhäufung: Diese bedingt in der konventionellen Darstellung eine erhöhte Lunkerneigung im Bereich der so entstehenden Materialanhäufung.

4 Ergebnisse und Diskussion

Die in Experimenten gewonnen Erkenntnisse über die Salzkerntechnologie zeigen ein Verhalten, das sich in zwei verschiedene Mechanismen des Kernversagens einteilen lässt. Deshalb sollen nach der Vorstellung der Ergebnisse aus der Kerncharakterisierung zunächst die das Auftreten eines Kernbruchs beeinflussenden Faktoren und ihre Abbildung in der Gießsimulation diskutiert werden. Im Anschluss daran werden die Ergebnisse der beobachteten Kernkompression erläutert und hinsichtlich ihrer prozesstechnischen Relevanz quantitativ bewertet, um im Anschluss auf die Weiterentwicklung der Kernherstellungsmethodik und auf weitere für die Bauteilqualität relevante Aspekte einzugehen.

4.1 Mechanische Eigenschaften der Salzkerne

Als Eingangsgrößen für die Gießsimulation und nicht zuletzt für die Bewertung der durchgeführten Gießversuche dienen die im Folgenden vorgestellten Ergebnisse der mechanischen Charakterisierung der Salzkerne.

Dichte, elastische Eigenschaften und Biegefestigkeit

Wie schon in 3.1 dargestellt, ist das Herstellungsverfahren der Salzkerne dem einer technischen Keramik oder eines pulvermetallurgisch dargestellten Bauteils vergleichbar. Abweichungen im Misch- und Pressprozess, wie etwa Schwankungen der Zusammensetzung und der Füllmenge der Vorlage oder leichte Abweichungen im aufgebrachten Pressdruck, sei es durch schwankende Füllmengen oder Regelung des Maschinenantriebs sind genauso wenig auszuschließen wie durch den Sinterprozess bedingte Streuungen. Eine andere Lage und oder Orientierung der Grünlinge im Ofen sind hier für die Beeinflussung der resultierenden mechanischen Eigenschaften von Bedeutung.

Auffällig bei der Betrachtung der mechanischen Eigenschaften der für die Versuche verwendeten Emil Müller Kerne ist die Abweichung der Eigenschaften zweier verschiedener Chargen. Eine erste Charge der Kerne wies zwar eine größere relative Ausgangsdichte und vergleichbare Biegefestigkeiten, Abb. 4.1, sowie höhere E-Moduln auf, Abb. 4.2, allerdings bei einer größeren Streuung der mechanischen Eigenschaften.

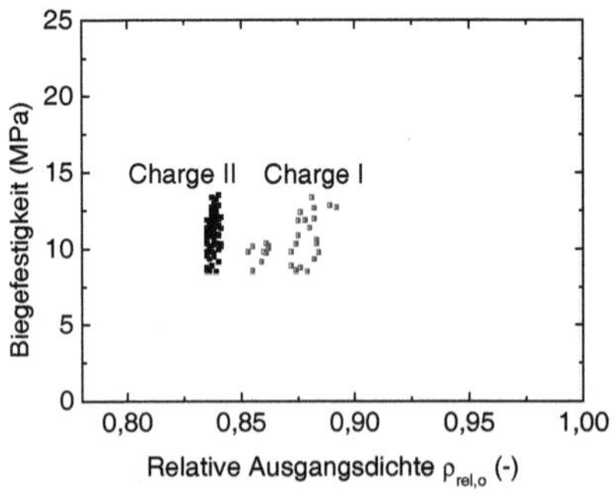

Abbildung 4.1: Biegefestigkeit der untersuchten Emil Müller Salzkerne über deren relativer Ausgangsdichte. Die höhere erreichte Dichte der Kerne aus Charge I führt nicht zu einer Steigerung der Biegefestigkeit gegenüber den aus Charge II erreichten Werten. Aufgrund der kermischen Natur dieser Kerne lässt sich hier auf durch höheren Pressdruck verursachte Inhomogenitäten schließen.

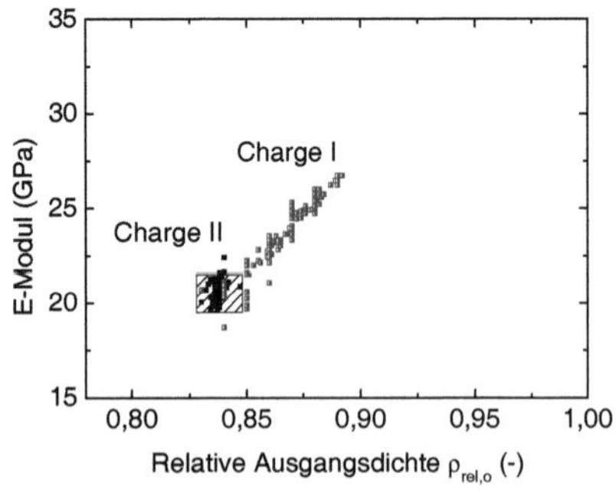

Abbildung 4.2: Der durch verschieden hohe Pressdrücke verursachte Unterschied in den erreichten relativen Ausgangsdichten und E-Moduln verdeutlicht die starke Korrelation dieser beiden Größen. In gleichem Maße wird deutlich, dass die durch innere Reibung verursachten Inhomogenitäten zu großen Abweichungen innerhalb der angestrebten mechanischen Eigenschaften führen. Zusätzlich zu den einzelnen Messwerten ist deshalb ein Erwartungshorizont für die relativen Ausgangsdichten der Salzkerne aus Charge II zwischen $0{,}83 \leq \rho_{rel,0} \leq 0{,}85$ hinterlegt.

Eine zweite Charge der Kerne weist dabei deutlich geringere Abweichungen der relativen Ausgangsdichte auf, wobei hierdurch nur der E-Modul, nicht jedoch die Biegefestigkeit beeinflusst wird. Daraus lässt sich schließen, dass bei der Charge I generell versucht wurde, mit höheren Drücken im Pressprozess zu arbeiten. Im angestrebten Bereich der Pressdrücke ergeben sich nun aufgrund innerer Reibung starke Inhomogenitäten während des Verdichtungsprozesses der vorgelegten Salzmischung, die sich in der starken Streuung der Dichten, und eng damit verknüpft, des E-Moduls, äußern. Angesprochene Inhomogenitäten lassen im gleichen Maße die Biegefestigkeit der Kerne trotz höherer Verdichtung nicht mehr steigen, da diese, der keramischen Natur der Kerne geschuldet, durch die größte Inhomogenität, d.h. die lokal geringste Verdichtung als Schwachstelle im jeweils betrachteten Kern dominiert wird.

Bei Charge II erfolgte die Verdichtung dem Anschein nach bei verringerten Pressdrücken, die zwar im Zuge dessen zu einer Reduzierung der erreichbaren Verdichtung der Kerne führten, sich allerdings in ungleich besser reproduzierbaren E-Moduln und relativen Ausgangsdichten äußern.

Dienten die Kerne der Charge I vornehmlich der Charakterisierung der Kerne, so wurden alle im Folgenden dargestellten Ergebnisse, sei es die Charakterisierung der temperaturabhängigen mechanischen Eigenschaften der Kerne selbst oder die Gießversuche, mit Kernen aus der Charge II durchgeführt. Für diese Kerne wurde der relevante Bereich der erreichten relativen Ausgangsdichten $0{,}83 \leq \rho_{rel,0} \leq 0{,}85$ rechteckig hinterlegt und dienen im Folgenden als Ausgangsbasis für die Diskussion der Ergebnisse.

In der folgenden Abbildung 4.3 sind beispielhaft die Ergebnisse aus der temperaturabhängigen Charakterisierung der Emil Müller Salzkerne aus Charge II dargestellt.

Für die Zuordnung der dargestellten Werte sei erwähnt, dass aufgrund der keramischen Eigenschaften der Salzkerne eine Betrachtung anhand eines Mittelwertes mit zugehörigem Weibull-Modul erfolgen müsste. Aufgrund der einfacheren Vergleichbarkeit, auch mit anderen in dieser Arbeit vorgestellten Kernsystemen sind hier zusätzlich zu den Mittelwerten der mechanischen Eigenschaften der Salzkerne Fehlerbalken aus der Berechnung einer Standardabweichung gegeben.

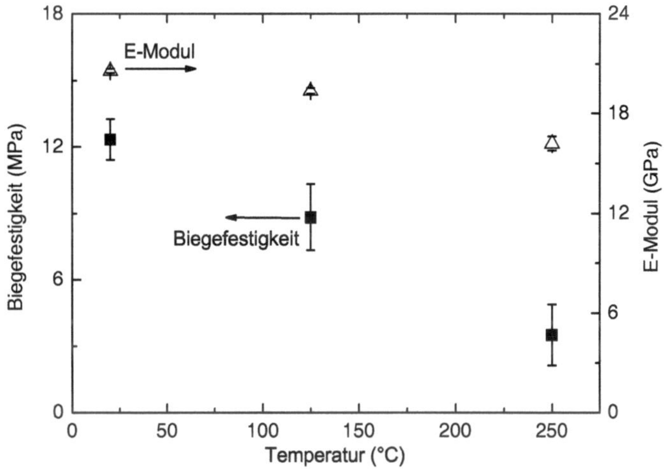

Abbildung 4.3: Biegefestigkeit und E-Modul als Funktion der Temperatur. Stärker als der Abfall des E-Moduls äußert sich die Reduzierung der im Drei-Punkt-Biegeversuch ermittelten Biegefestigkeit der untersuchten Emil Müller Salzkerne. Von etwa 12 MPa bei Raumtemperatur fällt sie deutlich auf nur noch etwa ein Drittel, d.h. 4 MPa bei 250 °C.

Bei einer mittleren geometrischen, relativen Ausgangsdichte der Emil Müller Kerne von 84 % ist zunächst die Abnahme in den mechanischen Eigenschaften offensichtlich. Hierbei ist der

Abfall des E-Moduls von im Mittel etwa 21 GPa bei Raumtemperatur über 19 GPa bei 125 °C auf 16 GPa bei einer Temperatur von 250 °C geringer als der Abfall der Biegefestigkeit. Diese weist eine starke Abhängigkeit von der Temperatur auf. Beträgt die Biegefestigkeit bei Raumtemperatur noch etwa 12 MPa, so fällt sie bis 125 °C auf etwa 9 MPa, bis 250 °C auf 4 MPa ab.

Neben der bloßen Verringerung der mechanischen Eigenschaften durch steigende Temperaturen verändert sich allerdings auch das Bruchverhalten, sprich die von den Salzkernen bis zum Bruch ertragbare Durchbiegung. Abb. 4.4 zeigt beispielhaft drei Versuche bei den angesprochenen Temperaturen von Raumtemperatur bis 250 °C.

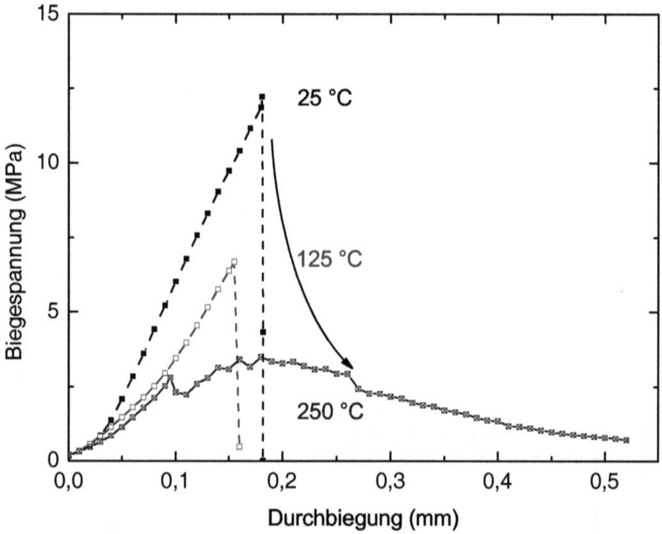

Abbildung 4.4: Biegespannung als Funktion der Durchbiegung aufgetragen für verschiedene Vorwärmtemperaturen der Salzkerne. Neben der Abnahme der maximal erreichten Biegefestigkeit ist auch eine Änderung des Bruchverhaltens der Emil Müller-Kerne mit steigender Temperatur erkennbar. Das typisch keramische Bruchverhalten, das sich bei den beiden geringeren Temperaturen in einem, das Versagen bestimmenden Bruch äußert, ändert sich zu einem Verhalten, bei dem mehrere, einzelne Bruchvorgänge ablaufen, die kein makroskopisches Versagen des Salzkernriegels zur Folge haben. Vielmehr erfolgt das von außen beobachtbare Versagen durch die Summe der einzelnen Bruchereignisse.

Weist das Bruchverhalten des Salzkerns bei Raumtemperatur und 125 °C noch ein typisch keramisches, nur von Elastizität geprägtes Bruchverhalten mit sprödem Versagen auf, so ändert sich dies signifikant für das Verhalten bei 250 °C. Hier tritt nicht mehr ein sprödes, über den gesamten Querschnitt des Salzkerns wirkendes Bruchereignis auf. Vielmehr treten mehrere Bruchereignisse über einen größeren Bereich der Durchbeigung auf, die nicht global zu einem Kernversagen führen. In Folge dessen versagt der Kern bei diesen Versuchen auch nicht akustisch wahrnehmbar mit der makroskopischen Trennung zweier Bruchstücke, sondern liegt nach Erreichen des für den Versuch vorher definierten Abbruchkriteriums noch immer als eine, von außen unverändert wirkende Probe vor und weist eine gewisse Restfestigkeit auf, d.h. die Kerne können aus der Versuchseinrichtung entnommen und mit geringem Kraftaufwand per Hand zerbrochen werden.

Den Übergang der temperaturabhängigen mechanischen Eigenschaften von einem spröden zu einem plastisch geprägten Verhalten beschreibt Joffe [98] mit einer signifikanten Zunahme der Plastizität von Steinsalz (NaCl) bei über 200 °C.

Die Zunahme der Plastizität alleine erklärt jedoch noch nicht die ausgeprägte Reduzierung der Biegefestigkeit. Der Abfall der Kennwerte mit zunehmender Temperatur muss deshalb auf eine Reduzierung der zwischen den einzelnen Salzkristalliten herrschenden Bindekräfte zurückgehen. Einen möglichen Einfluss hat hier der als Schmierstoff für das Trockenpressen in der Salzmischung eingesetzte Graphit. Zwar wird dieser beim Sintervorgang zum Teil zu CO_2 oxidiert, doch reicht die Diffusionslänge des Sauerstoffs in der Ofenatmosphäre nicht aus, um in der gegebenen Zeit eine vollständige Reaktion hervorzurufen.

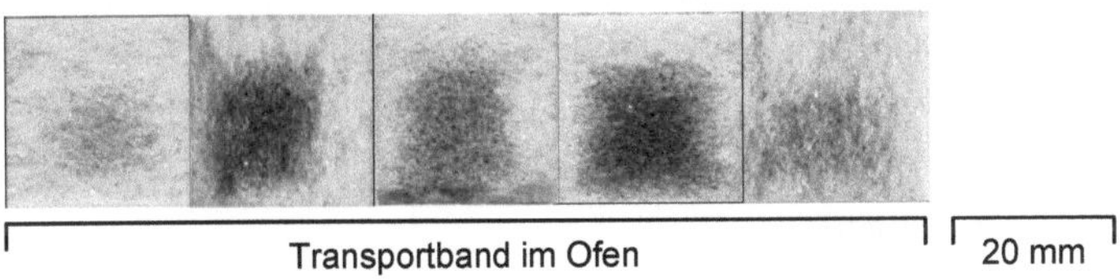

Abbildung 4.5: Graphit in den Querschnitten eines entlang der Längsachse getrennten Emil Müller Salzkerns. Aufgrund der nicht ausreichenden Diffusionslänge des Sauerstoffs in der Ofenatmosphäre wird der als Presshilfsmittel zur Reibungsreduzierung eingesetze Graphit während des Sinterprozesses nicht vollständig oxidiert und ist als dunkle Einfärbung sichtbar. Hierbei erscheint der noch vorhandene Kohlenstoff aufgrund der Lage der Salzkerne auf der Fördereinrichtung im Ofen nach unten orientiert.

Wie in Abb. 4.5 dargestellt, ist der Kohlenstoff in Querschnitten entlang der Längsachse des Salzkerns als dunkle Einfärbung wahrnehmbar und könnte bei höheren Temperaturen zu der beobachteten Reduzierung der mechanischen Eigenschaften führen. Auffällig ist zudem die ungleichmäßige und zu einer Seite hin orientierte Verteilung des Kohlenstoffs innerhalb des Salzkerns. Diese rührt höchstwahrscheinlich von der Lage der einzelnen Salzkerne auf dem durch den Ofen fahrenden Transportband her. Da der Salzkern auf diesem Band liegend durch den Ofen gefördert wird, kann von der Unterseite entsprechend weniger Sauerstoff aus den Ofenatmosphäre in den Salzkern eindringen und mit dem Kohlenstoff reagieren.

Ein temperaturbedingter Einfluss des Borax kann in diesem Temperaturbereich dagegen ausgeschlossen werden. Am WTM durchgeführte dynamische Differenzkalorimetrie-Messungen, englisch differential scanning calorimetry (DSC), an Emil Müller Salzkernen zeigten deutlich, dass das Natriumtetraborat im vorhandenen Kernsystem erst bei etwa 635 °C einen Glasübergangspunkt aufweist und damit bei Sintertemperatur seiner Rolle als Hilfsmittel zum Flüssigphasensintern nachkommt. Reaktionen des Borax bei tieferer Temperatur konnten nicht nachgewiesen werden.

4.2 Versagensmechanismen der Salzkerne im Druckguss

Bei der Durchführung von Gießversuchen lassen sich grundlegend zwei voneinander getrennte Versagensmechanismen feststellen. Zum Einen treten Kernbrüche auf, d.h. der Kern wird durch die in die Kavität einströmende Schmelze mit einer Biegebelastung beansprucht und versagt durch spröden Bruch. Ein zweiter Versagensmechanismus ist die Kernkompression. Bedingt durch die im Druckguss typischen, hohen Nachdrücke während der Nachspeisung werden die Kerne plastisch verformt.

4.2.1 Versagen des Salzkerns durch Kernbruch

Im Folgenden wird das Phänomen des Kernversagens durch Bruch diskutiert. Da ein Kernbruch in einer potentiellen Anwendung der Salzkerntechnologie nicht tolerabel ist, wird im Anschluss daran eine Methodik zur Abbildung in der Simulation vorgestellt.

Kernbruch im Gießversuch

Bei der Durchführung von Gießversuchen lässt sich feststellen, dass ab einer bestimmten Anschnittgeschwindigkeit Kernbrüche auftreten. Diese Kernbrüche werden durch eine übermäßige Auslenkung des Salzkerns in der Kavität hervorgerufen und äußern sich als durchgehender, massiver Flitter in der Bauteilmitte, wie es in Abb. 4.6 beispielhaft dargestellt ist.

Bedingt durch die feste Einspannung des Kerns an beiden Enden wird der Kern flächig in seiner Position gehalten und an einer möglichen Durchbiegung gehindert. Strömt die Schmelze nun durch den Anschnitt in die Kavität muss sie dort mehrfach von der Formwand bzw. dem Salzkern umgelenkt werden. Diese Umlenkung führt zu einem Staudruck, der den Kern schon zu Beginn der Formfüllung auf Biegung beansprucht. Diese Biegebelastung führt zu einem komplexen, mehrachsigen Spannungszustand mit vergleichsweise hohen Spannungen in der Kernmitte und an den Austrittsstellen des Kerns aus der Kernmarke.

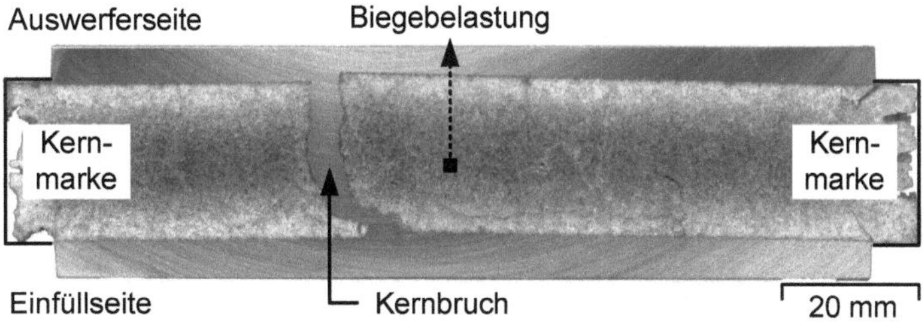

Abbildung 4.6: Schnitt durch einen mit Aluminium umgossenen Salzkern mit Kernbruch. Die durch die Schmelze auf den Kern ausgeübte Biegebelastung führte bei einer Anschnittgeschwindigkeit von 35 m s^{-1} und einem Forminnendruck von etwa 830 bar zum Bruch des Kerns dieser Probe. Der Bruch äußert sich als massiver Flitter in der Bauteilmitte.

Um dieses Phänomen zu charakterisieren, wurden in Gießversuchen die Anschnittgeschwindigkeit und der Nachdruck während der Erstarrung unabhängig voneinander variiert. Die Vorwärmtemperatur der Kerne betrug dabei für diesen Versuch durchgehend 175 °C.

Zunächst wurde dazu die Anschnittgeschwindigkeit bei einem konstant hohen, gemessenen Nachdruck von etwa 820 bar variiert. Aus Abbildung 4.7 geht dabei deutlich hervor, dass bei einer geringen Anschnittgeschwindigkeit von 15 m s^{-1} noch keine Kernbrüche auftreten, d.h. alle Kerne ließen sich ohne Versagen umgießen.

Erhöht man die Anschnittgeschwindigkeit über diesen Wert hinaus, so lässt sich auch eine Zunahme in der Anzahl der pro Gießserie brechenden Kerne ausmachen, unabhängig davon, ob sich der Kern in der Kavität mit 4 mm oder 5 mm Wandstärke befindet. Diese beobachtete Erhöhung in der Kernbruchwahrscheinlichkeit lässt sich solange fortsetzen, bis letztendlich bei einer Anschnittgeschwindigkeit von etwa 35 m s^{-1} alle Kerne der Gießserie reproduzierbar versagen.

Aufgrund dieses Verhaltens lässt sich die Anschnittgeschwindigkeit in drei Bereiche unterteilen. Solange noch kein Kernbruch auftritt, befindet sich die Anschnittgeschwindigkeit im sogenannten unterkritischen Bereich. Weisen alle vergossenen Kerne einer Gießserie einen Bruch im Bauteil auf, so fällt dies in den überkritischen Bereich. Zwischen diesen beiden erstgenannten Bereichen liegt der sogenannte kritische Bereich. Die hier beobachtete Zunahme der Kernbruchhäufigkeit lässt sich sowohl auf die Schwankung der mechanischen Eigenschaften, d.h. der Biegefestigkeit der verwendeten Salzkerne, vgl. Abb. 4.1, als auch Schwankungen im Druckgussprozess zurückführen.

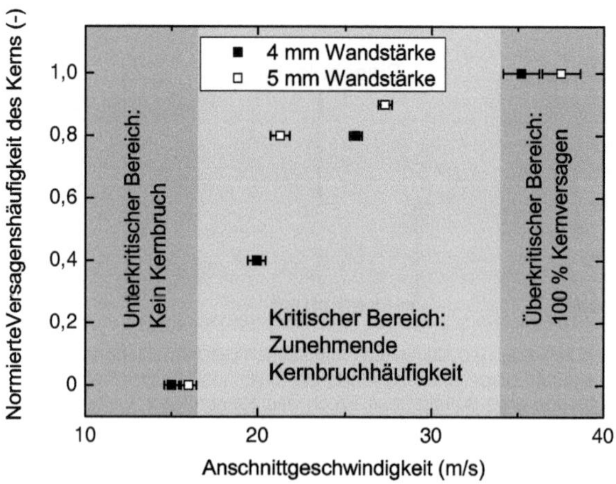

Abbildung 4.7: Normierte Versagenshäufigkeit der Salzkerne als Funktion der Anschnittgeschwindigkeit im Druckguss. Bei der Durchführung von Gießversuchen lässt sich feststellen, dass bei konstantem Nachdruck ab Überschreiten eines kritischen Wertes der Anschnittgeschwindigkeit die Kernbruchhäufigkeit zunimmt. Wird ein überkritischer Wert der Anschnittgeschwindigkeit erreicht und überschritten, versagen alle Kerne einer Gießserie reproduzierbar.

Diese Abweichung lässt sich deshalb beobachten, da sowohl Kerne mit einer vergleichsweise geringen als auch vergleichsweise hohen Festigkeit innerhalb eines Parameters abgegossen werden und somit bei jeder Wiederholung dieses Versuchs zu leicht variierenden Ergebnissen führen werden. Im Umkehrschluss lässt sich allerdings genauso festhalten, dass in den unter- respektive überkritischen Bereichen der Anschnittgeschwindigkeiten ausschließlich solche mechanischen Belastungen auf die verlorenen Salzkerne einwirken, die entweder vollkommen unterhalb der Streuung der Biegefestigkeit nach unten bzw. oberhalb der Streuung der Biegefestigkeit nach oben liegen.

Die in Abb. 4.7 erkennbare, leichte Verschiebung der Werte für die Anschnittgeschwindigkeiten der beiden Kavitäten rührt von der leicht unterschiedlichen Anschnittdicke von 1,4 mm bzw. 1,5 mm und damit bei gleicher Kolbengeschwindigkeit leicht unterschiedlichen Anschnittgeschwindigkeiten her.

Um den Einfluss des aufgebrachten Nachdrucks in dieser Betrachtung herauszufinden, wurde analog den Versuchen bei unterschiedlicher Anschnittgeschwindigkeit auch der Druck in der dritten Phase des Druckgießprozesses bei einer konstanten, geringen Anschnittgeschwindigkeit von 15 $m\,s^{-1}$ variiert. Die aus diesen Versuchen erhaltenen Ergebnisse in Abb. 4.8 verdeutlichen, dass eine Veränderung des aufgebrachten Nachdrucks keinerlei Veränderung im Bruchverhalten, insbesondere keine Erhöhung der normierten Versagenshäufigkeit zur Folge hat.

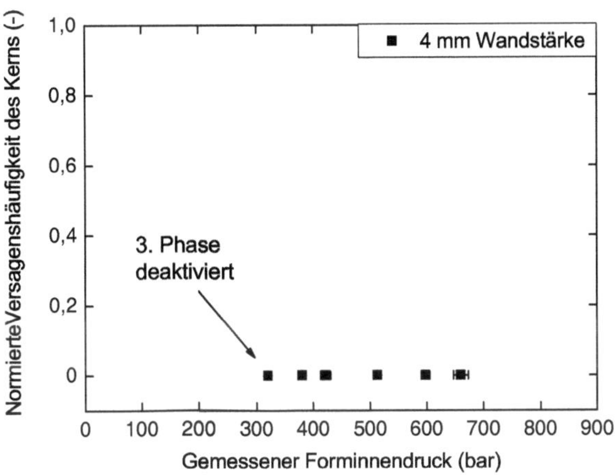

Abbildung 4.8: Normierte Versagenshäufigkeit der Salzkerne als Funktion des Nachdrucks in der dritten Phase. Bei einer konstant gehaltenen Anschnittgeschwindigkeit von $15\,\mathrm{ms}^{-1}$ führt eine Erhöhung des aufgebrachten Nachdrucks nicht zu einer Erhöhung der normierten Kernbruchhäufigkeit. Auch bei den höchsten gemessenen Forminnendrücken überleben alle Kerne der Gießserie.

Somit konnte in Gießversuchen eindeutig nachgewiesen werden, dass allein die Anschnittgeschwindigkeit für das Versagen des Kerns durch Bruch verantwortlich ist. Der Nachdruck kann als Einflussgröße für das Kernversagen ausgeschlossen werden.

Wie schon vorher erwähnt, ist ein derartiges Auftreten eines Kernbruchs in einer industriellen Anwendung absolut intolerabel. Die sowohl für die Kernherstellung als auch das Druckgießen selbst erforderlichen, teuren Werkzeuge machen eine derartig kosten- und zeitintensive Parameterstudie für jedes Bauteil unmöglich. Um dennoch den Prozess anpassen zu können, wird im Folgenden eine simulationsgestützte Methodik anhand der Riegel-Versuchsgeometrie vorgestellt.

4.2.2 Abbildung in der Gießsimulation

Mit den durchgeführten Simulationen wurden die Anschnittgeschwindigkeiten vom unter- über den kritischen bis in den überkritischen Bereich hinein bei verschiedenen Netzauflösungen abgebildet. Für alle durchgeführten Simulationen ist die enstehende Strömung hochgradig instationär und mit einer Reynolds-Zahl von $Re \geq 50000$ bei einer für AlSi12 aus der Literatur entnommenen dynamischen Viskosität von η =1,03 mPa s, einer Dichte von 2,44 g cm^{-3} [99] einer minimalen Anschnittgeschwindigkeit von $v_{Anschnitt} \geq 15\,\frac{m}{s}$ sowie einer charakterisitischen Länge von 1,4 mm für den Anschnitt zudem hochgradig turbulent. Bei der Auslegung der Modelle ist es deshalb von enormer Bedeutung, die zum Berechnen der Simulation notwendigen Zeiten in einem zweckmäßigen Rahmen zu halten.

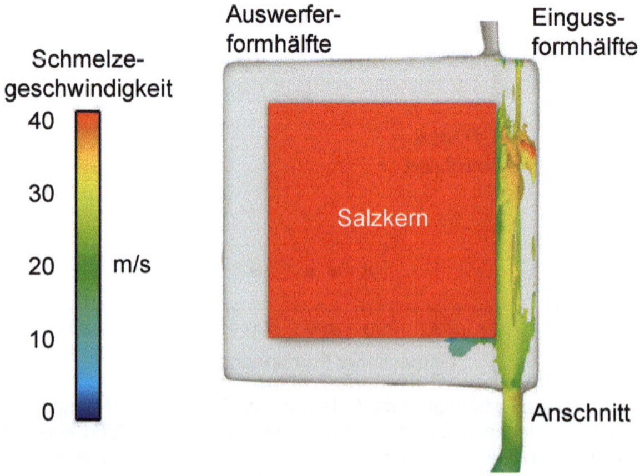

Abbildung 4.9: Seitenansicht auf die Formfüllung der Riegelgeometrie. Beispielhaft hier an der Füllung mit einer Anschnittgeschwindigkeit von 30 m s^{-1} dargestellt, schießt die Schmelze zunächst am Salzkern vorbei und wird an der dem Anschnitt gegenüberliegenden Formwand umgelenkt. Die Skalierung stellt die Geschwindigkeit der Schmelze als Betrag der Länge des Geschwindigkeitsvektors, d.h. um dessen Richtung bereinigt, dar.

Nach der Berechnung der Strömungsverhältnisse ist es dann möglich, die Strömung im Postprocessor als farblichen Eindruck sichtbar zu machen und anhand dessen die Formfüllungsbedingungen zu bewerten. Wie es beispielhaft in Abb. 4.9 dargestellt ist, schießt die schmelzflüssige Legierung aus dem Anschnitt nach der Aufweitung in die Wandstärke zunächst am Salzkern vorbei und trifft auf die gegenüberliegende Formwand, an der eine erste Umlenkung erfolgt. Von dort an wird der Kern einerseits weiter in Richtung der Auswerferformhälfte umspült und andererseits erfolgt eine Rückfüllung in Richtung des Anschnitts, der ursprünglichen Eintrittsrichtung entgegengerichtet.

Die hierbei auftretenden und auf den Salzkern wirkenden Staudrücke können durch Flow3D mit Hilfe des gekoppelten FEM-Solvers als Spannungen im Kern ausgegeben werden. Für das aktuelle Modell lassen sich die so nach der Normalspannungshypothese ermittelten Vergleichsspannungen im Postprocessor darstellen, vergleiche Abb. 4.10.

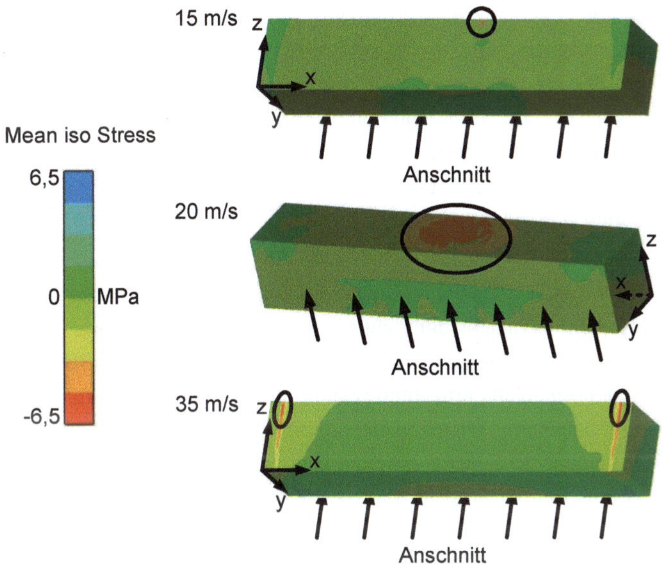

Abbildung 4.10: Auswertung der Simulationsergebnisse der FSI im Postprocessor von Flow3D für die Anschnittgeschwindigkeiten 15 m s^{-1}, 20 m s^{-1} und 35 m s^{-1} beim ersten Auftreten einer Zugspannung größer als 6,5 MPa. In den beiden Kreisen sind die Stellen markiert, an denen dieser als kritisch definierte Wert der Hauptnormalvergleichsspannungen unter Zug für die beiden geringeren Anschnittgeschwindigkeiten überschritten werden. Bei der höchsten Anschnittgeschwindigkeit wird der als kritisch erachtete Wert der Spannung direkt am Auflager überschritten, nach Fuchs und Körner [85].

Bei der Betrachtung wird die Schwierigkeit in der Bewertung dieser Ergebnisse offensichtlich. Zwar lassen sich die Zugspannungen im Salzkern präzise abbilden und auch optisch auswerten, doch fällt auf, dass zum einen auch bei der geringsten Anschnittgeschwindigkeit von 15 m s^{-1} schon in einem kleinen Bereich Belastungen auftreten, wie sie in Simulationen höherer Anschnittgeschwindigkeit auftreten und zum anderen den aus Abb. 4.3 extrapolierten, kritischen Wert der Biegefestigkeit aus Drei-Punkt-Biegeversuchen von 6,5 MPa bei einer Kernvorwärmtemperatur von 175 °C überschreiten.

Es lässt sich somit festhalten, dass eine Auswertung dieser Ergebnisse anhand des gegebenen optischen Eindrucks nicht nur schwierig, sondern hochgradig benutzerabhängig und damit subjektiv ist. Eine für das Versagen kritische Größe lässt sich aus den gegebenen Ergebnissen im Postprocessor nicht eineindeutig herauslesen.

Deshalb ist es Ziel, einen objektiven Vergleichsmaßstab zu schaffen, der es erlaubt, anhand eines numerisch vorgegebenen, definierten Kennwerts eine belastbare Aussage als Kriterium für das kritische Versagen des Salzkerns in der Simulation zu treffen.

Im Folgenden werden deshalb die nach dem FSI-Verfahren vom FEM-Solver ausgegebenen Werte nicht im Postprocessor dargestellt, sondern werden mit Hilfe eines MathWorks®Matlab-Skripts aus dem Solveroutput ausgelesen und können so als Funktion der Zeit oder des Füllgrads dargestellt werden. Trägt man nun diese aus den Simulationsergebnissen ausgelesenen Werte für die Vergleichsspannungen nach der Hauptnormalspannungshypothese über dem Füllgrad für die betrachteten Anschnittgeschwindigkeiten auf, so ergibt sich die in Abb. 4.11 gegebene Darstellung.

Die erste, offensichtliche Beobachtung ergibt sich aus der Tatsache, dass bei allen betrachteten Anschnittgeschwindigkeiten der vorhergehend als kritisch definierte Wert von 6,5 MPa aus Biegefestigkeitsuntersuchungen erreicht und überschritten wird. Hierbei steigen die maximal im Laufe der Formfüllung erreichten Spannungen im Kern mit steigender Anschnittgeschwindigkeit. Betrachtet man allerdings den kritischen Spannungswert selbst als Kriterium, lässt sich darüberhinaus noch weiter die Beobachtung machen, dass der kritische Wert der Biegespannung umso früher erreicht wird, je höher die Anschnittgeschwindigkeit gewählt wird.

Zieht man nämlich die geringste Anschnittgeschwindigkeit von 15 $m s^{-1}$ für diese Betrachtung heran, so wird auch hier der kritische Wert der experimentell ermittelten, kritischen Spannung erreicht, dies aber erst bei einem Füllgrad, an dem die Kavität als nahezu vollständig gefüllt betrachtet werden kann. Das heißt, auch wenn eine überkritische Spannung im Kern herrscht, so wird sie durch einen hydrostatischen Spannungszustand hervorgerufen, der den Kern nicht mehr auslenken und in Folge dessen zerbrechen kann, sondern lediglich zu einer Druckbeaufschlagung des Kerns auf seinem vollen Umfang führt.

Steigert man jedoch die Anschnittgeschwindigkeit, so ist ersichtlich, dass nun der als kritisch erachtete Wert der Biegefestigkeit bei immer geringeren Füllgraden erreicht wird, je höher die Anschnittgeschwindigkeit gewählt wurde. Das heißt der Kern ist nun, im Gegensatz zur vorhergehenden Betrachtung, nicht mehr vollständig von Schmelze umgeben und kann nun deshalb durch die auf ihn wirkende, hochdynamische Biegebelastung zerbrochen werden. Dabei treten die überkritischen Zugspannungen auf der der Schmelze abgewandten Seite, also dort, wo der Kern noch nicht von Schmelze umgeben ist, auf.

Die Betrachtung der unterkritischen sowie der überkritischen Anschnittgeschwindigkeiten stellen hierbei, analog der Überlegung in den experimentell durchgeführten Gießversuchen, die absoluten Grenzen dar, bei denen die mechanischen Eigenschaften der Salzkerne in jedem Fall unter- bzw. überschritten werden. Im kritischen Übergangsbereich ist deshalb ei-

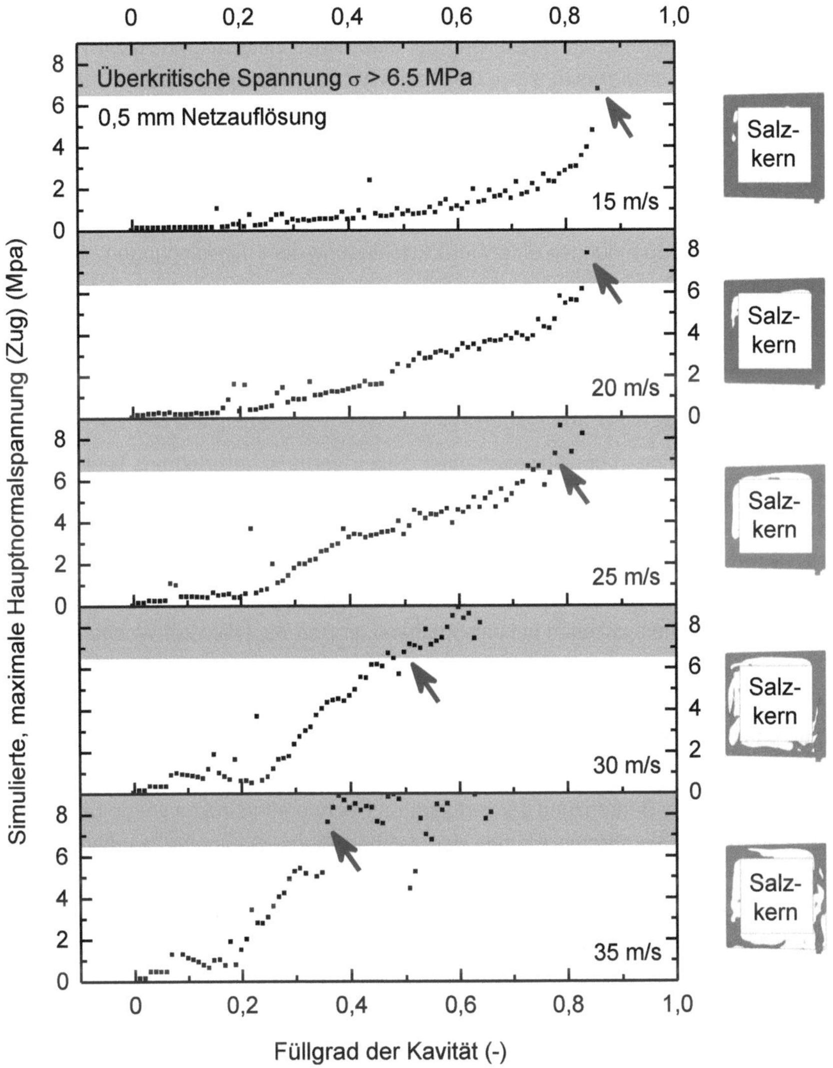

Abbildung 4.11: Maximale, in der Simulation auftretende Vergleichsspannungen in Zug nach der Hauptnormalspannungshypothese für die Anschnittgeschwindigkeiten $15\,\mathrm{m\,s^{-1}}$ mit $35\,\mathrm{m\,s^{-1}}$ über dem Füllgrad der Kavität für 0,5 mm Netzauflösung. Rechts ist für jede einzelne Anschnittgeschwindigkeit der Füllgrad der Kavität beim ersten Auftreten einer überkritischen Spannung dargestellt. Deutlich ist die Abnahme dieses Füllgrads mit steigender Anschnittgeschwindigkeit erkennbar, vgl. Fuchs et al. [78].

ne Unschärfe vorhanden, da die mechanischen Eigenschaften der Kerne einer statistischen Streuung unterliegen und deshalb nicht prognostiziert werden kann, ob der einzelne Kern aufgrund seiner spezifischen Herstellung bei einer Anschnittgeschwindigkeit von 30 m s^{-1} noch ohne Kernbruch die gewünschte Geometrie abbildet oder bereits bei 20 m s^{-1} ein Kernbruch aufgrund einer Schwankung der Eigenschaften nach unten eintritt.

Diese Betrachtung ist konsistent mit der in den Gießversuchen beobachtbaren Ergebnissen und lässt sich somit - zumindest für die Ermittlung kritischer Spannungen im Bereich unter- und überkritischer Spannungen unter Berücksichtigung der Füllbedingungen - bei der Auslegung beliebiger Geometrien anwenden.

4.2.3 Einfluss der Netzauflösung

Eine Herausforderung in der Anwendbarkeit dieses Vorhersageverfahrens liegt darin, dass für im Druckguss übliche Bauteilabmessungen die in diesen Experimenten betrachtete Mesh-Feinheit von 0,5 mm nur bedingt anwendbar ist. Eine Rechnung mit derartig feiner Netzauflösung ist mit aktuell verfügbarer Rechenkapazität vom Zeitaufwand her nicht sinnvoll für eine ganze Bauteilgeometrie durchführbar. Auch ein lokal, nur für den Kern so fein gewähltes Netz lässt die Rechenzeiten bei entsprechend großen Bauteilen auf Wochen ansteigen.

Im Folgenden soll deshalb eine Untersuchung auf noch sinnvoll anwendbare Netzauflösungen für das FSI-Modell in Flow3D erfolgen, vgl. Fuchs und Körner [85].

Die schon erwähnte Begrenzung der verfügbaren Rechnerinfrastruktur wurde beim Versuch offensichtlich, eine Vergleichsrechnung der gleichen Riegel-Geometrie durchzuführen. Die Auflösung sowohl des Fluid- als auch FEM-Netz wurde zu isotrop 0,25 mm gewählt. Diese Rechnung konnte nicht durchgeführt werden, da der Zeitschritt im Laufe der Füllung auf $10^{-12}\,s$ fiel und die Simulation folglich abgebrochen wurde.

Für die Anwendung der diskutierten Vorhersagemethodik eines Kernbruchs in der Simulation ist allerdings eine mögliche Vergröberung der Netzauflösung von größerer Bedeutung. Deshalb wurden sowohl das FDM- als auch das FEM-Netz zu 1 mm bzw. 2 mm isotroper Netzauflösung gewählt und die Simulationen bei den gleichen Anschnittgeschwindigkeiten von 15 m s^{-1}, 20 m s^{-1}, 25 m s^{-1}, 30 m s^{-1} und 35 m s^{-1}, wie für das mit 0,5 mm aufgelöste Netz durchgeführt.

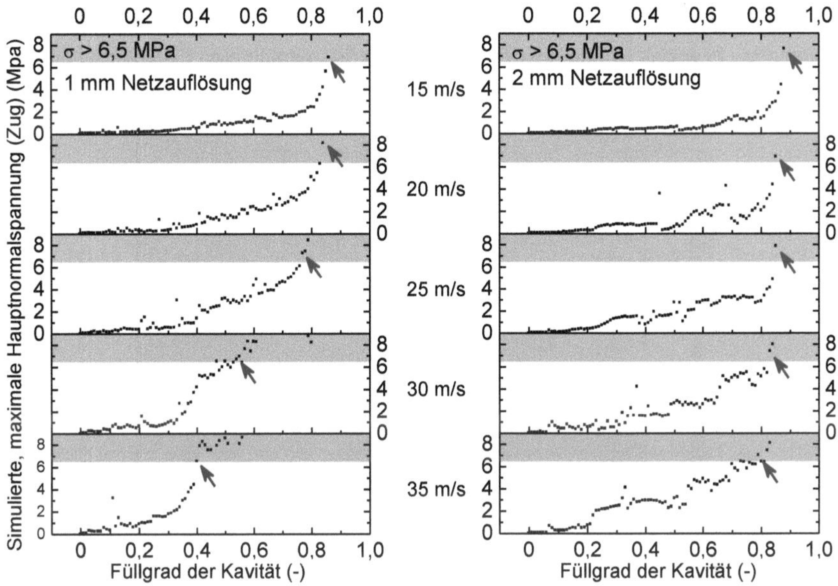

Abbildung 4.12: Maximale, simulierte Hauptnormalspannungen für die Anschnittgeschwindigkeiten 15 m s^{-1} mit 35 m s^{-1} über dem Füllgrad der Kavität für 1 mm und 2 mm Netzauflösung. Für die feinere Auflösung entspricht das Ergebnis dem aus Abb. 4.11, vgl. Abb. 4.13. Für das gröber aufgelöste Netz kann der FSI-Solver nur noch den isostatischen Spannungszustand, allerdings keine dynamisch auftretenden Spannungen mehr abbilden, vgl. Fuchs und Körner [85].

Aus den in Abb. 4.12 dargestellten Ergebnissen wird offensichtlich, dass die mit einer Netzauflösung von 1 mm durchgeführten Simulationen quasi identisch mit den Ergebnissen aus der feineren Netzauflösung sind.

Auch hier wird für die langsamste Anschnittgeschwindigkeit von 15 m s^{-1} der kritische Wert der Vergleichsspannung von 6,5 MPa erreicht, doch wiederum erst bei vollständig gefüllter Kavität. Mit zunehmender Anschnittgeschwindigkeit wird auch für diese Netzauflösung der kritische Wert der Hauptnormalspannung bei immer geringeren Füllgraden erreicht.

Die Ähnlichkeit der Ergebnisse der Simulationen mit 0,5 mm und 1 mm Netzauflösung lässt sich noch besser als in der Vorhergehenden in Abb. 4.13 ausmachen. Die dort aufgeführten Füllgrade, an denen die aus Drei-Punkt-Biege-Versuchen als kritisch erachtete Vergleichsspannung auftritt, weisen für die beiden feinen Netzauflösungen nur eine sehr geringe Abweichung auf. D.h. ein Simulationsergebnis lässt sich hier mit deutlich geringerem Daten- und entsprechend verringertem Zeitaufwand realisieren, ohne, dass dieses an Aussagekraft verliert. Darüberhinaus lässt sich aus beiden Rechnungen auf einen kritischen Füllgrad für das Versagen bzw. das Überleben des Salzkerns in der betrachteten Geometrie schließen.

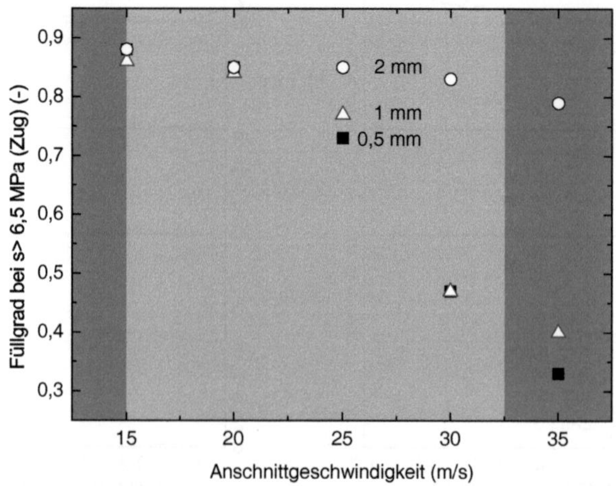

Abbildung 4.13: Füllgrad beim Auftreten einer überkritischen Spannung, d.h. $\sigma > 6{,}5\,\mathrm{MPa}$ als Funktion der Anschnittgeschwindigkeit für die drei verschiedenen Netzauflösungen. Offensichtlich ist sowohl der nahezu identische Verlauf für die feineren und die deutliche Abweichung für die gröbere Netzauflösung von 2 mm, vgl. Fuchs und Körner [85].

Tritt die kritische Spannung bei Füllgraden von 0,86 und mehr auf, so ist die Anschnittgeschwindigkeit im unterkritischen Bereich, in dem die Kerne, wie anhand der Gießversuche ermittelt, überleben. Für Füllgrade zwischen 0,85 und 0,47 befindet sich die Anschnittgeschwindigkeit in der betrachteten Geometrie im kritischen Bereich, in dem die normierte Versagenswahrscheinlichkeit der Salzkerne mit steigender Anschnittgeschwindigkeit zunimmt. Der überkritische Bereich wird dann erreicht, sobald eine überkritische Spannung bei Füllgraden von unter 0,40 auftritt und somit ein Salzkern unweigerlich versagen wird.

Deutlich geht dagegen, sowohl aus Abb. 4.12 als auch aus Abb. 4.13 hervor, dass das Ergebnis für die grobe Netzauflösung von 2 mm von den vorherigen Ergebnissen abweicht. Hier treten für alle simulierten Anschnittgeschwindigkeiten von $15\,\mathrm{m\,s^{-1}}$ bis $35\,\mathrm{m\,s^{-1}}$ die überkritischen Spannungen erst dann auf, wenn die Kavität in der Simulation schon gefüllt ist. Dies stimmt zwar für die geringste, abgebildete Anschnittgeschwidigkeit mit den anderen Netzauflösungen überein, doch wird offensichtlich, dass für diese Netzauflösung der FSI-Solver nur noch das Erreichen des hydrostatischen Spannungszustands in der Kavität abbilden kann, da ein überkritisches Spannungsereignis auch mit steigender Anschnittgeschwindigkeit erst bei vollständig gefüllter Kavität auftritt. Nicht mehr möglich ist es jedoch, den dynamischen

Einfluss der Schmelze auf den Salzkern aus den vorliegenden Simulationsdaten zu erkennen.

Zusammenfassend kann also festgehalten werden, dass mit der in Flow3D vorhandenen Möglichkeit, Spannungen im Salzkern abzubilden, beliebige Geometrien auf ein Überleben des Kerns hin untersucht werden können. Darüberhinaus wurde für die betrachtete Geometrie festgestellt, dass eine isotrope Vernetzung von 1 mm Netzauflösung ausreicht, um diese Methodik anzuwenden. Eine Grenze des Solvers liegt für diese Simulation bei gröberen Auflösungen, in diesem Fall bei 2 mm, da diese nicht mehr in der Lage sind, den für die Schadensvorhersage des Kerns notwendigen dynamischen Spannungseinfluss aus den in der Schmelze vorhandenen Staudrücken abzubilden.

Allgemein lässt sich sagen, dass, um diese Methodik in einem Anwendungsfall einsetzen zu können, eine analoge Netzverfeinerung durchgeführt werden muss, bis das Ergebnis nicht mehr von der Netzgröße abhängig ist.

4.2.4 Relative Kernkompression im Druckgussprozess

Neben dem Kernbruch konnte noch ein weiterer Versagensmechanismus bei der Durchführung von Gießversuchen beobachtet werden. Betrachtet man die Salzkerne bzw. die Wandstärken der in den Versuchen dargestellten Versuchsbauteile, so kann man feststellen, dass nach dem Abguss die Salzkerne in einer anderen, deformierten Geometrie vorliegen als in deren Ausgangszustand.

Dieser Versagensmechanismus äußert sich in einer plastischen Verformung des Kerns, die im Folgenden als Kernkompression bezeichnet wird. Diese Kompression verursacht eine größere Wandstärke der Bauteile, als es die Auslegung der Wandstärke im Werkzeug und der Salzkerngeometrie erwarten lassen, siehe Abb. 4.14.

Sind im links abgebildeten Ausgangszustand des Emil Müller Kerns noch alle Poren einzeln als solche im CT-Schnitt erkennbar und die Porosität gleichmäßig über den Querschnitt des Kerns verteilt, so ergibt sich im abgegossenen Zustand ein anderes Bild. Deutlich wahrnehmbar ist die reduzierte Anzahl und Größe der einzelnen Poren. Zudem ist in dieser Aufnahme eine stark verdichtete Randschicht des Kerns zum Gussteil hin zu erkennen, die quasi keine Poren mehr aufweist.

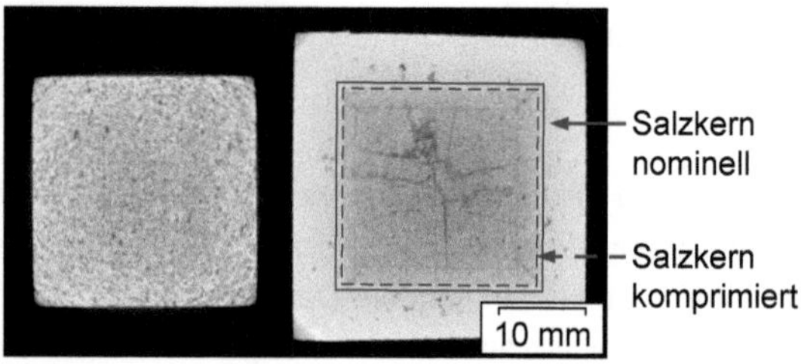

Abbildung 4.14: Computertomographischer (CT) Schnitt eines Emil Müller Salzkerns vor dem Abguss sowie ein Gussteil mit durch den Nachdruck deformierten Kern. Durch plastische Deformation wurden sowohl Anzahl als auch Größe der Poren im Kern reduziert. Das deutlich sichtbare Rissnetzwerk im Salzkern rührt vom Abschreckprozess direkt aus der Gießhitze her, vgl. Fuchs und Körner [84].

Hervorgerufen wird diese Kompression durch den in der Kavität herrschenden, vom Gießkolben auf die Schmelze übertragenen Nachdruck. Der so erzeugte hydrostatische Spannungszustand führt durch die global auftretende Überschreitung der Druckfestigkeit des Salzkerns zu der beobachteten Kompression an allen in direktem Kontakt mit der Schmelze stehenden Flächen, wie es schematisch in Abb. 4.15 verdeutlicht wird.

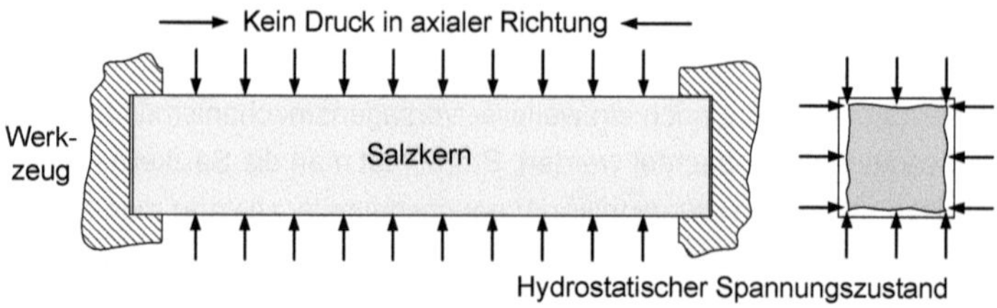

Abbildung 4.15: Schematische Erläuterung des durch die Schmelze über den Nachdruck in der Kavität herrschenden hydrostatischen Spannungszustands, der zu einer plastischen Kerndeformation führt und sich in Folge dessen in den Gussbauteilen als erhöhte Wandstärke äußert, vgl. Fuchs und Körner [84].

Konsistent mit dieser Annahme ist die Tatsache, dass eine Kompression des in den Kernlagern befindlichen Teils der Salzkerne in keinem der Gießversuche beobachtet werden konnte. Eine qualitative Betrachtung der Kernkompression ist für die angestrebte, erfolgreiche Anwendung der Salzkerntechnologie im Druckguss allerdings nicht ausreichend.

Um deshalb den Einfluss des aufgebrachten Gießdrucks zu quantifizieren, wird nachfolgend die auftretende Kompression mit Hilfe eines allgemeinen Zusammenhangs einer reibungsbeeinflussten Pulverkompression nach Heckel [100] beschrieben, vgl. Fuchs und Körner [84]. Hier wird die aktuelle relative Dichte des Kerns $\rho_{rel}(p)$ in Abhängigkeit des von außen aufgebrachten Drucks, in diesem Falle des mit dem Forminnendrucksensor gemessenen maximalen Nachdrucks p mit Hilfe zweier pulverspezifischer Parameter k und A beschrieben:

$$\rho_{rel}(p) = 1 - \exp(-k(p + \frac{A}{k})) \tag{4.1}$$

Nachdem sich Gleichung (4.1) aus der relativen Ausgangsdichte des Kerns $\rho_{rel,0}$ und der auftretenden, aus Messergebnissen ermittelten relativen Kernkompression ζ (siehe Abschnitt 3.3, Seite 50ff) bestimmen lässt,

$$\rho_{rel}(p) = \rho_{rel,0} \cdot (1 - \zeta) \tag{4.2}$$

ergibt sich die analytische Beschreibung der durch den aufgebrachten Nachdruck hervorgerufenen Kernkompression zu:

$$\zeta = 1 - \frac{1 - \exp(-k(p + \frac{A}{k}))}{\rho_{rel,0}} \tag{4.3}$$

Betrachtet man mit diesem Ansatz nach Fuchs und Körner [84] die einzelnen, für jeden Kern im Druckguss auftretenden Kernkompressionen als Funktion des aufgebrachten Nachdrucks, so folgen die Ergebnisse hinreichend gut der in Gleichung (4.3) beschriebenen Abhängigkeit, siehe Abb. 4.16.

Die beiden aus dem Kurven-Fit ermittelten, pulverspezifischen Parameter ergeben sich für die Emil Müller Salzkerne zu

$$k = 7,64 \cdot 10^{-4}\, bar^{-1}$$

und

$$A = 1,74$$

Die Standardabweichung der einzelnen Messwerte stellt dabei die Abweichung der über die Probenlänge auftretenden Kernkompressionen vom Mittelwert innerhalb der jeweiligen Probe dar. Doch weisen auch die erhaltenen Mittelwerte der Kernverformung Abweichungen von der analytischen Betrachtung auf. Diese rühren von der Abweichung der relativen Dichte der Kerne her.

Betrachtet man nämlich das analytische Modell mit Hilfe der vorher erhaltenen pulverspezifischen Werte k und A sowie den beiden Grenzdichten aus Abb. 4.2 (Seite 70), nämlich $0{,}83 \leq rho_{rel,0} \leq 0{,}85$, so liegen die erhaltenen Werte der Kernkompressionen sehr konsistent in einem durch die Streuung der relativen Ausgangsdichten der Salzkerne vorgegebenen Erwartungskorridor, vgl. Abb. 4.16.

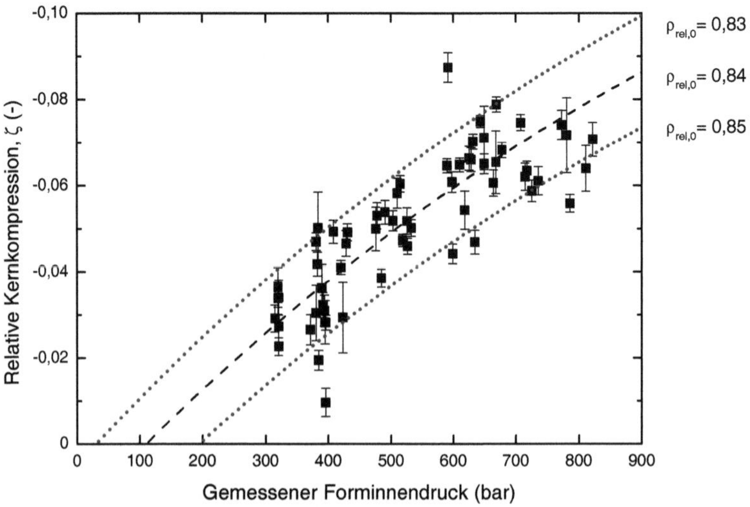

Abbildung 4.16: Experimentell ermittelte relative Kernkompression der abgegossenen Emil Müller Kerne als Funktion des in der Kavität gemessenen Nachdrucks. Bei einer mittleren, relativen Ausgangsdichte von 84 % (gestrichelte Linie) liegen die Ergebnisse innerhalb des Erwartungshorizonts der variierten Heckel-Gleichung, siehe Gleichung (4.1), der nach Gleichung (4.3) durch die Streuung der besten, 85 %, und der schlechtesten Kerne, 83 % (gepunktete Linien) gebildet wird. Die Standardabweichung der einzelnen Messwerte stellt hier die Abweichung der über die Probenlänge auftretenden Kernkompressionen vom Mittelwert innerhalb der einzelnen Probe dar, vgl. Fuchs und Körner [84].

Daraus lässt sich generell ableiten, dass die im Druckgussprozess erreichte relative Kernkompression eine Funktion des maximal in der Nachdruckphase wirksamen Forminnendruckes sowie der relativen Ausgangsdichte der verwendeten Salzkerne ist. Umgekehrt bilden die pulverspezifischen Parameter das Reibungsverhalten der vorliegenden Pulverschüttung bzw. des vorliegenden Salzkernsystems analytisch ab.

Aus Gleichung (4.1) lässt sich durch entsprechende Umformung ablesen, bei welchem von außen wirkenden Druck die Pulverschüttung vollständig , d.h. $\rho_{rel}(p) = 1$, komprimiert würde:

$$p = \frac{A - \ln(\rho_{rel}(p))}{k} \tag{4.4}$$

Erreicht in Gleichung 4.4 die relative Dichte den Wert eins, so ergibt sich für das vorliegende Emil Müller-Kernsystem ein Wert von 2277 bar für die vollständig erfolgte Verdichtung.

Der Anteil der elastischen Verformung der Salzkerne ist hierbei vergleichsweise gering. Betrachtet man die auftretende, elastische Kernkompression mit Hilfe des Hooke'schen Gesetzes, so wird deutlich, dass beim untersuchten Emil Müller System mit einem E-Modul von 19 GPa bei 125 °C der elastische Anteil an der relativen Kernverformung bei einem gemessenen Forminnendruck von 830 bar lediglich 0,9 % beträgt:

$$\zeta_{el} = \frac{3(1 - 2 \cdot \nu)}{E} \cdot p \tag{4.5}$$

Verglichen mit den beobachteten Kernkompressionen im Bereich von bis zu 8 %, wie sie beim Einsatz der Emil Müller Salzkerne auftreten, ist der elastische Anteil zwar vorhanden aber vergleichsweise klein gegenüber der stattfindenden, plastischen Verformung der Salzkerne.

Derart hohe, auftretende Kernverformungen sind für eine eventuelle Anwendung der Salzkerntechnologie zur Darstellung von hohlen Strukturen im Druckguss allerdings nicht anwendbar. Zwar ist es prinzipiell denkbar, die auftretenden Verformungen durch eine entsprechende Auslegung der Kerngeometrie zu kompensieren. Das heißt die prognostizierte Kernkompression könnte als Vorhaltung mit größer gewählten Abmessungen des Kerns in den Prozess miteingerechnet werden. Allerdings sind die hier ermittelten Werte der Kernkompression an einer geometrisch einfachen und deshalb verhältnismäßig gleichmäßig verdichteten Riegelgeometrie aufgenommen. Eine direkte Übertragung auf eine Bauteilgeometrie führte im Prozess aufgrund der natürlicherweise inhomogeneren Dichteverteilung komplexerer zu pressender Geometrien auch direkt zu unterschiedlicher Kompression des Kerns und damit zu einer geometrisch nicht korrekt wiedergegebenen Innengeometrie.

Der Ansatz muss deshalb die Erhöhung der relativen Ausgangsdichte respektive die Reduzierung der anfangs im Kern vorhandenen Porosität sein, damit durch den Nachdruck bedingt im Druckgussprozess optimalerweise keine Kompression des Kerns auftritt. Deshalb soll über die erfolgte Charakterisierung der Kernverformungen hinaus im Folgenden eine Definition für eine Zielgröße der relativen Ausgangsdichte gegeben werden.

Aus den vorhergehend vorgestellten Ergebnissen der Kernkompression ist es möglich, aus der Betrachtung der Porositäten eine Zielgrößendefinition abzuleiten. Aufgrund des invers exponentiellen Verhaltens lässt sich argumentieren, dass sich die durch den Nachdruck reduzierte Porosität für im Druckguss übliche, wirksame Nachdrücke einem Grenzwert annähert und somit einen Wert $\Phi(p) > 0$ einnimmt. Dieses Verhalten wird in Abb. 4.17 wiedergegeben.

Die hier dargestellte, durch einen Druck p erreichte Porosität in den Kernen geht auch bei den höchsten gemessenen Nachdrücken von etwa 830 bar nicht auf null zurück, sondern bleibt oberhalb eines kritischen Wertes der Porosität. In den durchgeführten Gießversuchen erreichen alle untersuchten Kerne eine minimale Porosität von $\Phi_{min}(p)$ =9 %. Da dieser Wert in den Abgüssen von Kernen des Emil Müller Systems nicht unterschritten wurde, lässt sich im Umkehrschluss folgern, dass ein Kernsystem, welches eine maximale Ausgangsporosität $\Phi_{0,Ziel}$ in dieser Größenordnung aufweist, auch keine Kernkompression beim Abguss aufweisen sollte.

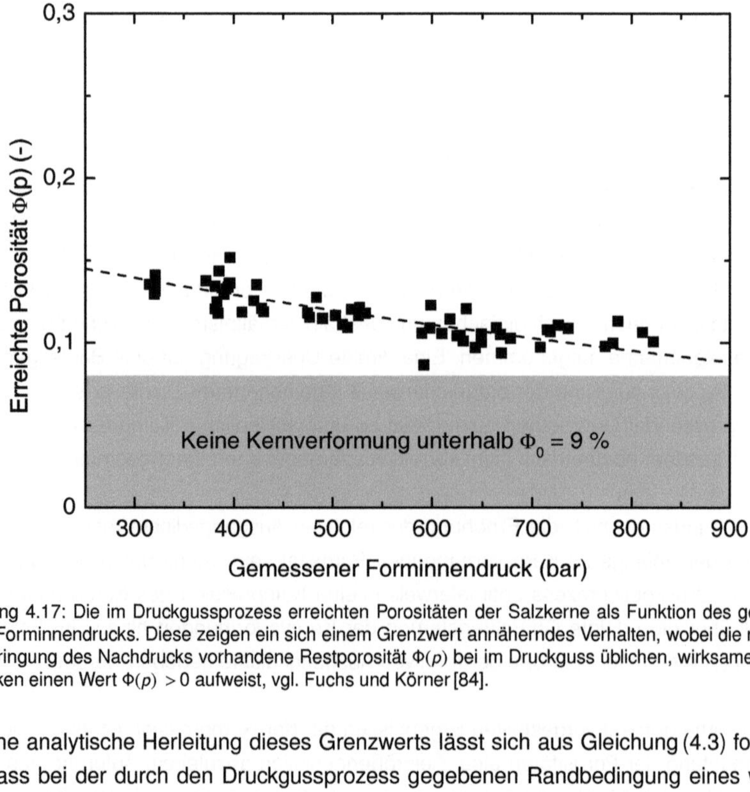

Abbildung 4.17: Die im Druckgussprozess erreichten Porositäten der Salzkerne als Funktion des gemessenen Forminnendrucks. Diese zeigen ein sich einem Grenzwert annäherndes Verhalten, wobei die nach der Aufbringung des Nachdrucks vorhandene Restporosität $\Phi(p)$ bei im Druckguss üblichen, wirksamen Nachdrücken einen Wert $\Phi(p) > 0$ aufweist, vgl. Fuchs und Körner [84].

Für eine analytische Herleitung dieses Grenzwerts lässt sich aus Gleichung (4.3) formulieren, dass bei der durch den Druckgussprozess gegebenen Randbedingung eines wirksamen Forminnendrucks von 850 bar keine Kernkompression auftreten darf, d.h. $\zeta = 0$:

$$\Phi_{0,Ziel} = 1 - \rho_{rel,0,Ziel} = \exp\left(-k(p + \frac{A}{k})\right) \approx 9\,\% \tag{4.6}$$

Das heißt ein möglicher im Druckguss anzuwendender Salzkern muss eine relative Mindestdichte von $\rho_{rel,0} \geq 91\,\%$ bzw. eine maximale Ausgangsporosität von $\Phi_{0,Ziel} \leq 9\,\%$ aufweisen, um während der Nachdruckphase keine Kompression zu zeigen.

Da dies beim gegebenen Emil Müller System mit einer relativen Ausgangsdichte von im Mittel $\rho_{rel,0}$ =84 % nicht erreicht wird, wurde in Abschnitt 3.7 (Seite 59ff) auf ein anderes Herstellverfahren eingegangen, dessen erreichte Kennwerte in Abschnitt 4.4 (Seite 95ff) diskutiert werden.

4.3 Oberflächenrauheit als qualitätsbestimmendes Kriterium

Über die offensichtlichen Kernschädigungsmechanismen hinaus stellt die mit dem gegebenen Salzkernsystem der Emil Müller GmbH erreichte Oberflächenqualität eine weitere Herausforderung dar. Bei der frontalen Betrachtung einer solchen Gussoberfläche fällt das Auftreten schroffer Spitzen und zum Teil wabenartiger Vertiefungen auf, siehe Abb. 4.18.

Abbildung 4.18: In der photographischen Makroaufnahme wird die durch Zipfel, sowie steile Wände und Krater gebildete, große Oberflächenrauheit der Gussoberfläche der mit Emil Müller Kernen vergossenen Probebauteile deutlich.

Die Ursache dieser starken Oberflächenrauheit der Gussbauteile rührt von der Beschaffenheit der Kernoberfläche her. Zwar fühlt sich die Kernoberfläche mit der Hand scheinbar glatt an, doch weisen sowohl der linienbezogene Wert der Oberflächenrauheit von R_z = 173 μm als auch der flächenbezogene Rauheitswert von sR_z = 381 μm darauf hin, dass zwischen den einzelnen, an der Oberfläche liegenden Körnern schroffe Zwischenräume vorhanden sind, die zu der beobachteten Rauheit am Gussbauteil führen.

Betrachtet man deshalb die in Abb. 4.19 dargestellten Aufnahmen von Emil Müller Salzkern und entsprechender Gussoberfläche unter dem Weißlichtsensor, so wird anhand der zum Vergleich gegebenen, spezifizierten Korngrößen des eingesetzen Salzes deutlich, dass die Oberfläche der Gussbauteile die Kernoberfläche exakt abbildet.

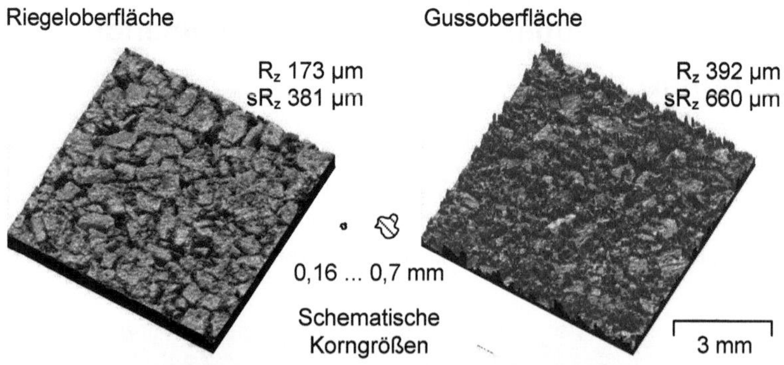

Abbildung 4.19: Die einzelnen Salzkristallite sind deutlich an der im Weißlichtsensor aufgenommenen Oberfläche des Kerns erkennbar und entsprechen den zum besseren Größenvergleich vom Salzhersteller spezifizierten Korngrößen. Aus der rechten Darstellung des Gussteils geht hervor, dass die Kristallite auf dem Gussteil als Krater abgebildet werden. Darüberhinaus infiltriert das schmelzflüssige Aluminium die Kornzwischenräume, was zu der hier zweieinhalb-fach überhöht dargestellten, ausgeprägten Wand- und Zipfelbildung und in Folge dessen zu einer schlechten Oberflächenqualität führt.

Auf der Gussoberfläche sind noch deutlich die Umrisse der, von der Kernoberfläche abgebildeten, einzelnen Salzkristallite erkennbar. Viel stärker allerdings bilden sich die Kornzwischenräume an der Oberfläche des Salzkerns erhaben als Zipfel und Wände auf dem Gussbauteil ab. Besonders wird dies beim Vergleich der Größen der abgebildeten Körner mit der spezifizierten Körnung der Salzmischung deutlich. Der für das eingesetzte Gewerbesalz der Firma esco angegebene Korngrößenbereich von 0,16 mm bis 0,70 mm stimmt sehr gut mit den an der Oberfläche liegenden Kristalliten sowie den Kristallitabdrücken auf der Gussoberfläche überein.

Die Oberfläche des Gussteils zeigt mit einem linienbezogenen Wert der Oberflächenrauheit von R_z=392 μm sowie dem flächenbezogenen Rauheitswert von $sR_z = 660\,\mu$m eine annähernd doppelt so hohe Rauheit wie der abgebildete Kern, $R_z = 173\,\mu$m und $sR_z = 381\,\mu$m.

Zwar lässt diese Beobachtung keine einfache quantitative Beschreibung der aus einem gegeben Formstoff erhaltenen Oberflächengüte zu, doch deckt sie sich qualitativ mit der Beschreibung von Kugel und Bührig-Polaczek [20], die die starke Oberflächenpenetration von Gussteilen mit der Korngröße des eingesetzten Formstoffes begründet.

Das heißt die Hauptursache der beobachteten Oberflächenrauheit liegt in der Abbildung der Korngröße und vor allen Dingen der Abbildung der Kornzwischenräume des verwendeten Formstoffes, wie es schematisch in Abb. 4.20 dargestellt ist.

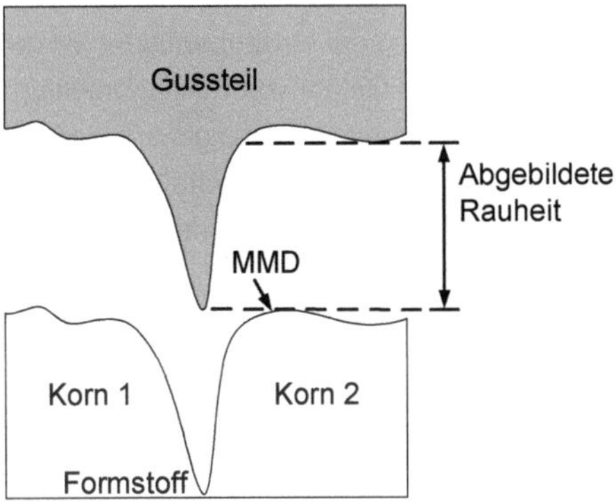

Abbildung 4.20: Durch die mittlere Korngröße bedingt entsteht zwischen zwei einzelnen Körnern des eingesetzten Kern-Formstoffes ein Spalt, der sich beim Abguss auf dem Gussteil als Erhabenheit und damit messbare Oberflächenabweichung respektive Rauheit abbildet.

Die dünnflüssige Schmelze dringt in den Zwischenraum zweier Formstoffkörner ein und bildet den Krater auf der Kernoberfläche als entsprechendes Positiv ab. Zwar weist die Schmelze eine gewisse Oberflächenspannung auf, die in den Niederdruckverfahren wie von Andernko [41] beschrieben zu einer entsprechend guten Oberfläche führt, doch presst spätestens der wirkende Nachdruck die Schmelze auch in kleinste Spalte zwischen den einzelnen Formstoffkörnern an der Kernoberfläche. Zudem fehlt eine starke mechanische Einwirkung bei der Kernentformung der abgegossenen Salzkerne, wie sie in Form des Rüttelns etwa im Sandguss üblich ist, so dass die entstehende Rauheit nicht abgetragen werden könnte.

Zwar ist die mechanische Funktion von Strukturbauteilen durch eine Oberfläche, wie sie durch die Kerne des Emil Müller Systems dargestellt wird, in keiner Weise beeinträchtigt doch geht sie mit Nachteilen einher. Eine Anwendung der Salzkerntechnologie bei Aggregateanwendungen ist unabdingbar mit der Abbildung medienführender Kanäle verbunden.

Hier führt eine derart gestaltete Oberfläche aufgrund ihrer Rauheit sowohl zu einer erhöhten Neigung von Ablagerungen als auch zu erhöhtem Strömungswiderstand und einem dementsprechenden Druckabfall, der dem Wirkungsgrad der darzustellenden Kanalgeometrie abträglich ist. Der mit einer mechanischen Bearbeitung der Oberflächen verbundene Aufwand schränkte hierbei nicht nur die durch den Salzkern originär erworbene geometrische Gestaltungsfreiheit ein, sondern führt auch zu Fertigungskosten, die es dem ursprünglichen Ansinnen des Einsatzes von Salzkernen nach zu vermeiden galt.

Gleich welcher Anwendung ist bei dieser Art vergleichsweise hoher Oberflächenrauheiten der Einfluss des nach dem Abguss notwendigen Entformprozesses des Kerns zu berücksichtigen. Eine derart starke Verzahnung der Gussoberfläche mit dem Formstoff, insbesondere bei Haliden, birgt zwangsläufig die Gefahr von Rückständen und direkt damit verknüpft der Gefahr eines intrinsisch hohen Korrosionspotenzials aus dem Herstellungsprozess heraus. Über die Anhaftung von Formstoff an der Gussteiloberfläche hinaus ist es möglich, dass Feuchtigkeit und Wasser nicht von der Bauteilwand abfließen können und langfristig zu einem höheren Korrosionspotential führen.

Zwar konnten in bei der AUDI AG durchgeführten Standard-Korrosionsversuchen, d.h. einem Salznebeltest und einem längeren Aufenthalt in einer Umgebung hoher Temperatur und Luftfeuchte (Kondenswassertest), keine Auffälligkeiten oder Veränderungen gegenüber einem konventionell hergestellten Aluminium-Druckgussbauteil festgestellt werden, siehe Abb. 4.21, doch ist eine Verbesserung der Oberflächenqualität der dargestellten Gussteile für die technisch und wirtschaftlich erfolgreiche Umsetzung dieser Technologie unabdingbar.

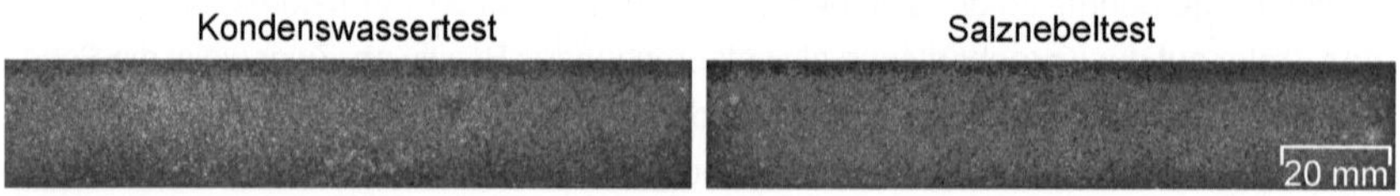

Abbildung 4.21: Auf den Fotografien zweier von einem Salzkern abgebildete Oberflächen eines Aluminiumdruckgussteils zeigten zwei bei der AUDI AG etablierte Standard-Korrosionsversuche, der Kondenswassertest, in dem die Probe einer Atmosphäre hoher Luftfeuchte ausgesetzt wird, und der Salznebeltest, bei dem zusätzlich noch NaCl-haltige Lösung zum Einsatz kommt, keine Auffälligkeiten gegenüber der vom Werkzeugstahl abgebildeten Oberfläche.

In der bekannten Patentliteratur wird dabei auf Kernschlichten aus den Niederdruckgießverfahren zurückgegriffen. Der Kerngrundkörper aus grobkörnigem Formstoff wird hierbei durch eine Beschichtung mit einem feinkörnigen keramischen Überzug, der Schlichte, als Schlicker versehen, um die Oberflächenrauheit herabzusetzen. Mit entsprechend aufwendigen Schlichtmethoden sind dabei nach Downing [101] außerordentlich geringe Rauheiten bis zu etwa $R_z = 4\,\mu$m möglich.

Aufgrund der zu erwartenden Abrasion durch die schnell am Kern vorbeiströmende Schmelze ist der Einsatz derartiger Schlichten im Druckguss nur bedingt zweckmäßig. Insbesondere der Eintrag von oftmals in den Schlickern enthaltenen Graphits aus einem Schlichteüberzug in das Bauteilvolumen stellt, gerade in Verbindung mit der an den Gießprozess anschließenden mechanischen Bearbeitung von Funktionselementen, eine Gefahr für die Bildung von Lokalelementen an der Oberfläche und damit eines enormen Korrosionspotentials dar.

Da wie eben beschrieben auch der Einsatz von die Oberflächenqualität verbessernden Schlichtesystemen im Druckguss als kritisch zu bewerten ist, wurden in 3.7 (Seite 59 ff) alternative Herstellungsverfahren für druckgussgeeignete Salzkerne vorgestellt. Die damit erreichbaren Oberflächenqualitäten werden in 4.6.2 (Seite 109 ff) diskutiert.

4.4 Verbesserung der mechanischen Eigenschaften durch die alternativen Pressverfahren

Aus den Ergebnissen der Charakterisierung der mechanischen Eigenschaften der mit den vorhergehend vorgestellten alternativen Herstellungsmethoden dargestellten Kerne geht eine grundlegende Verbesserung der mechanischen Eigenschaften hervor.

Betrachtet man zunächst die Raumtemperatur-Biegefestigkeit der Kernsysteme über deren relativen Ausgangsdichte, so fällt auf, dass das trocken gepresste Kernsystem mit einem MMD von 5 μm (feines Salz) im Vergleich zur Charge II der Emil Müller Kerne, die auch für die Gießversuche verwendet wurden, eine höhere relative Ausgangsdichte aufweist und zum Teil höhere Biegefestigkeiten erreicht, siehe Abb. 4.22.

Bedingt durch die hohe innere Reibung ist allerdings die Streuung beider Eigenschaften deutlich größer. Die Streuung der relativen Ausgangsdichte deckt sich dabei mit derer der Emil Müller Kerne der Charge I. Dies lässt hier eine Verfahrensgrenze des Trockenpressens für Natriumchlorid vermuten, die oberhalb einer Grenze der relativen Ausgangsdichte von hier 85 % eine weitere Steigerung der Dichte mit einer enormen, reibungsbedingten Streuung der mechanischen Eigenschaften erkauft. So streuen die einzelnen Werte der Raumtemperatur-Biegefestigkeiten für beide angesprochene Kernsysteme entsprechend stark.

Eine deutliche Verbesserung der Eigenschaften wird hier durch den Einsatz des Nasspressverfahrens offensichtlich. Betrachtet man das nassgepresste Kernsystem mit einem MMD von 431 μm (grobes Salz), so zeigen die Raumtemperatur-Biegefestigkeiten ähnliche Kennwerte wie die beiden Chargen der Emil Müller Kerne, bleiben allerdings unterhalb der besten ereichten Biegefestigkeiten der mit feinem Salz trocken gepressten Kerne.

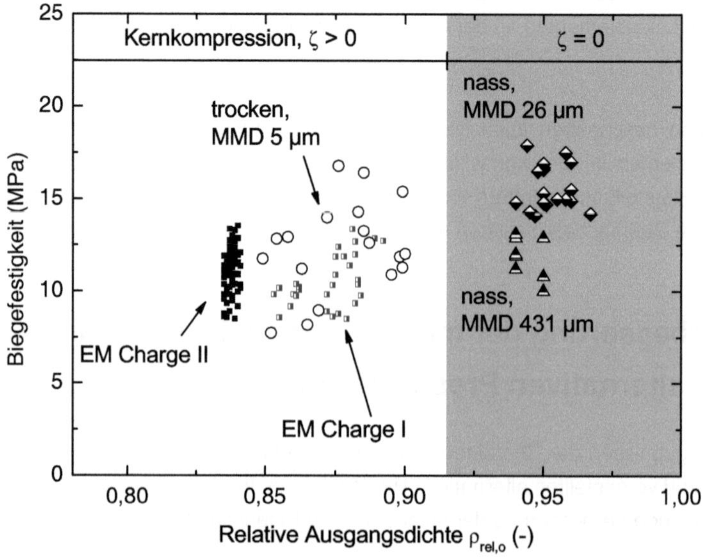

Abbildung 4.22: Raumtemperatur-Biegefestigkeit für alle betrachteten Kernsysteme über deren relativen Ausgangsdichte. Der Bereich, in dem nach Gleichung (4.6) erwartungsgemäß keine Kernkompression auftreten sollte, ist grau hinterlegt dargestellt.

Eine deutliche Verbesserung ergibt sich hinsichtlich der relativen Ausgangsdichte. Hier stellen sich Kennwerte von bis zu 95 % ein, die oberhalb der aus Gleichung (4.6) erhaltenen Zielgröße von $\rho_{rel,0} \geq 91\,\%$ bzw. unterhalb $\phi_{0,Ziel} \leq 9\,\%$ liegen, um im Druckgussprozess keine Kernkompression mehr zu zeigen.

Eine Verbesserung beider Kennwerte zeigt hier das nassgepresste Kernsystem mit einem MMD von 26 μm. Sowohl die relative Ausgangsdichte als auch die Raumtemperatur-Biegefestigkeit erweisen sich hier konsistent besser als die entsprechenden Kennwerte des Emil Müller Systems. Zudem fällt auch die für die Abbildung im Labormaßstab erreichte, vergleichbar geringe Streuung der Kennwerte auf. Gegenüber dem trocken gepressten Kernsystem aus feinem Salz konnten noch höhere Werte für die Biegefestigkeit erreicht werden. Verglichen mit dem aus grobem Salz nassgepressten Kernsystem zeigt sich die erreichte relative Dichte nochmals geringfügig verbessert.

Für eine Anwendung im Druckgussprozess sind allerdings besonders die bei den gewählten Vorwärmtemperaturen erreichten Eigenschaften von besonderem Interesse. Zwar nehmen auch die Biegefestigkeiten sowohl des trocken als auch des nass gepressten Kernsystems mit der Temperatur ab, ein Verhalten wie es schon die Emil Müller Kerne zeigten, doch konnte auch hier eine Verbesserung festgestellt werden.

Offensichtlich wird dies vor allen Dingen anhand des mit feinem Salz trocken gepressten Kernsystems. Auch hier zeigt sich der Einbruch der Biegefestigkeit bei 250 °C, doch gerade bei der wichtigen Kernvorwärmtemperatur von 125 °C werden höhere Kennwerte als für das Emil Müller System erreicht, vergleiche Abb. 4.23.

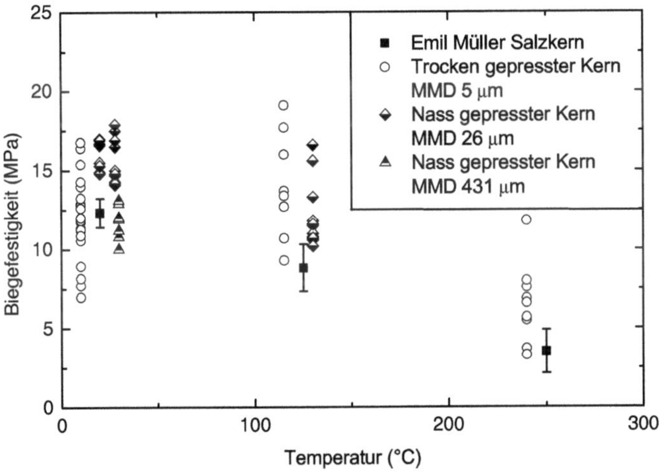

Abbildung 4.23: Temperaturabhängige Biegefestigkeit aller betrachteten Kernsysteme. Die erhaltenen Kennwerte sind hier aus Gründen der Übersichtlichkeit entzerrt dargestellt. Deutlich wird die Steigerung der Biegefestigkeit sowohl des trocken, als auch des nassgepressten Kernsystems gegenüber dem Emil Müller System. Für das nassgepresste Kernsystem mit grobem Salz (MMD 431 μm) liegt die Biegefestigkeit in der gleichen Größenordnung wie für das Emil Müller System.

Die nur bis 125 °C stattfindende Charakterisierung des nassgepressten 26 μm-Systems zeigt hier ähnliche, gegenüber dem Emil Müller System verbesserte Biegefestigkeiten, ohne jedoch die Spitzenwerte des feinen, trockengepressten Systems zu erreichen.

Deutlich wird jedoch, ähnlich dem vorherig diskutierten Verhalten bei Raumtemperatur, dass die Streuung der Eigenschaften für das nassgepresste System auch hier vergleichsweise gering ausfällt. So weist nämlich das trocken gepresste System in ähnlicher Weise eine Streuung nach unten auf, die deutlich den Wertebereich der Emil-Müller Kerne durchdringt.

Aufgrund der höheren relativen Ausgangsdichte weisen sowohl das trocken gepresste Kernsystem (MMD 5 μm) als auch die beiden nassgepressten Systeme (MMD 431 μm und 26 μm) höhere E-Moduln als das Emil Müller-Kernsystem auf, vergleiche Abb. 4.24.

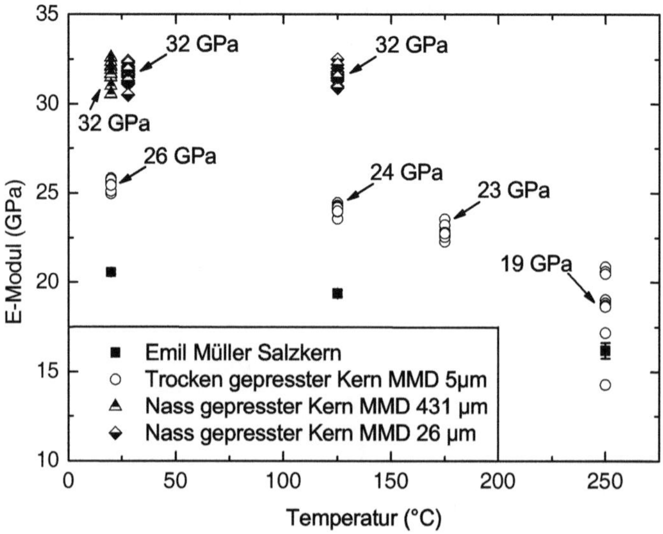

Abbildung 4.24: E-Modul für das Emil Müller Kernsystem sowie der anderen charakterisierten Kernsysteme als als Funktion der Temperatur. Für alle betrachteten Kernsysteme nimmt der E-Modul mit der Temperatur ab. Zusätzlich zu den Einzelmesswerten der alternativ hergestellten Kerne sind zum Vergleich die Mittelwerte des Emil Müller Kernsystems angegeben.

Wegen der gleichen erreichten relativen Ausgangsdichten der beiden nassgepressten Systeme wird auch für deren E-Moduln bei Raumtemperatur der gleiche Wert von 32 GPa erreicht. Für das Kernsystem mit einem MMD = 26 μm wurde hier auch bei 125 °C ein E-Modul von 32 GPa ermittelt. Die Kennwerte, die für das trocken gepresste Kernsystem ermittelt wurden, zeigen darüberhinaus mit dem Abfall des E-Moduls von 26 GPa bei Raumtemperatur auf 19 GPa bei 250 °C das gleiche Verhalten wie die Emil Müller Kerne, die im gleichen Temperaturintervall von 20 GPa auf 16 GPa abfallen. Ein weiterer Hinweis darauf, dass dieses temperaturabhängige Verhalten, wie schon in 4.1 (Seite 69) diskutiert, von der Natur des Natriumchlorids und nicht vom bei den Emil Müller Kernen verwendeten Borax herrührt.

Aus dem Vergleich der temperaturabhängig ermittelten mechanischen Kennwerte der Salzkerne geht also hervor, dass das Trockenpressen von Salzkernen eine prozesssicher erreichbare Obergrenze der Dichte aufweist. Bedingt durch die innere Reibung des Pulvers entstehen Risse, die die Festigkeit unkontrolliert abfallen lassen.

Das Nasspressen der Salzkerne bietet den Vorteil, dass Wasser als umweltneutrales Prozesshilfmittel zur verbesserten Verdichtung der Salzvorlage genutzt und, nachdem der Hauptanteil des Wassers beim Pressen entweicht, durch einen moderaten Temperprozess wieder aus den Salzkernen ausgetrieben werden kann, vergleiche Fuchs et al. [102–104].

Ursache der verbesserten Eigenschaften

Nach der Charakterisierung und Diskussion der des durch das Nasspressverfahren verbesserten Eigenschaften der Salzkerne soll im Folgenden nun auf die Ursachen dieser Verbesserung eingegegangen werden.

Eine Rolle bei der Verbesserung der Verdichtung beim Nasspressen feiner Pulver spielt die von Spiers [105] beobachtete Erleichterung des Korngrenzengleitens durch das Vorhandensein von Flüssigphase um die einzelnen Kristallite. Ähnlich einem Schmiermittel wirkt die um die Körner vorhandene, gesättigte Salzlösung und reduziert die innere Reibung erheblich. Dabei bietet die gesättigte Lösung den Vorteil, dass nach dem Austreiben des Wassers aus dem Kern und aufgrund der begrenzten Löslichkeit des Wassers in den einzelnen Salzkristalliten keine Trenn- bzw. Schmiermittelrückstände im Grünkörper zurückbleiben und ausgebrannt werden müssten. Besonders wird dies beim Vergleich der Gefüge eines trocken gepressten Emil Müller Kerns, Abb. 4.25 und eines nassgepressten Kerns, aus Salz der gleichen mittleren Ausgangskorngröße von 431 μm, siehe Abb. 4.26, deutlich.

Abbildung 4.25: Gefüge eines Emil Müller Kerns aus der Charge II bei fünffacher Vergrößerung. Aufgrund der hier schwarz dargestellten, hohen Porosität des Kerns sind die zwischen den Körnern vorhandenen Kontaktflächen nur gering ausgeprägt.

Beim Emil Müller Kern sind zwischen den Kristalliten offensichtlich erkennbar erhebliche Zwischenräume als Porosität vorhanden. Darüberhinaus ist die Form der einzelnen Kristallite noch deutlich als kubisch auszumachen. Korngrenzen zwischen den einzelnen Kristalliten sind nicht erkennbar. Der aus Salz gleicher, mittlerer Korngröße nassgepresste Kern weist dagegen generell ein viel dichteres Gefüge auf und die Kristallform zeigt sich deutlich abgerundet. Aufgrund des dichteren Gefüges kann auf ausgeprägte Partikelumlagerungsvorgänge während des Pressvorganges geschlossen werden. Zusätzlich kann anhand der Abb. 4.26 geschlossen werden, dass ein Auseinanderbrechen der ursprünglich vorhandenen Kristallite unter hohem Druck stattgefunden haben muss, da im Schliff auch viele kleinere Salzkörner auszumachen sind.

Abbildung 4.26: Gefüge eines nassgepressten Kerns mit einem MMD von 431 μm des verwendeten Salzes bei fünffacher Vergrößerung. Deutlich treten die im Vergleich zum Emil Müller Kern kleineren und größeren, einzelnen Kristallite sowie die 'Ghost Korngrenzen' [106] hervor.

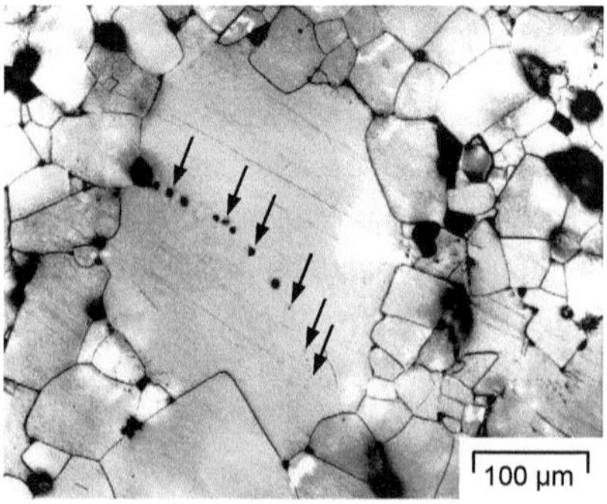

Abbildung 4.27: Gefüge des mit grobem Salz, MMD 431 μm, nassgepressten Kerns bei 20-facher Vergrößerung. Deutlich ist die durch wie Perlen aneinandergereihte Lösungsreservoirs geprägte, ehemalige, sogenannte Ghost Korngrenze innerhalb des aus zwei einzelnen Kristalliten zusammengewachsenen, neuen Korns, auszumachen.

Neben diesen Auswirkungen des kataklastischen Fließens treten aber auch die signifikant größeren Kristallite in der Bildmitte hervor. Aus dem Entstehen dieser vergrößerten Kristallite lässt sich eindeutig auf die Drucklösung als den in der Endphase bei hohen effektiven Pressdrücken wirksamen Mechanismus schließen. Denn schon in Abb. 4.26, besser und detaillierter jedoch in Abb. 4.27 sind die dem Verdichtungsschema von Spiers und Schutjens [105] folgenden, ehemaligen Korngrenzen mit kleinen Residuen an gesättigter Lösung feststellbar.

Diese ehemaligen Korngrenzen, die von Spiers [106] auch als 'Ghost Korngrenzen' bezeichnet werden, entstehen unter hohen Drücken nachdem die Verdichtung durch Partikelumlagerung und kataklastisches Fließen schon größtenteils abgeschlossen ist, wobei gesättigte Lösung um die einzelnen Kristllite vorhanden sein muss. Durch lokale Druckspitzen können, bedingt durch den dort lokal wirksamen hohen Druck, die entsprechend druckbeaufschlagten Bereiche in Lösung gehen und das Elektrolyt in einem zeitunabhängigen Prozess durch den in der Lösung stattfindenden Diffusionsprozess an Stellen mit lokal geringerem Druck wieder ausgeschieden werden. Dies führt zu einer weiteren Verdichtung des makroskopischen Gefüges und zu einem Zusammenwachsen vormals getrennter Gefügebereiche. Läuft dieser Prozess nicht ganz vollständig ab, so bleiben an den ehemaligen Korngrenzen kleine Reserviors gesättigter Lösung zurück, die im Schliff, wie etwa in Abb. 4.27, als schwarze Kreise entlang einer gedachten, geschwungenen Linie sichtbar werden.

Mit der gleichen beobachtbaren Halsbildung und Verdichtung lässt sich dieser Mechanismus der Drucklösung als eine Art Raumtemperatur-Flüssigphasen-Sinterprozess für das hier verwendete und beobachtete Natriumchlorid interpretieren.

Die Wirksamkeit dieses Prozesses ist allerdings begrenzt. Laut den Brok et al. [107] nämlich, ist der Bereich, in dem die Drucklösung stattfinden kann, stark durch die eingesetzte, mittlere Korngröße der Schüttung begrenzt. Er berichtet, dass bei Natriumchlorid der Mechanismus der Drucklösung nur bei mittleren Korngrößen zwischen 75 und 500 μm wirksam ist. Tatsächlich lässt sich diese Aussage anhand der mit feinem Salz, MMD 26 μm, nassgepressten Kerne bestätigen.

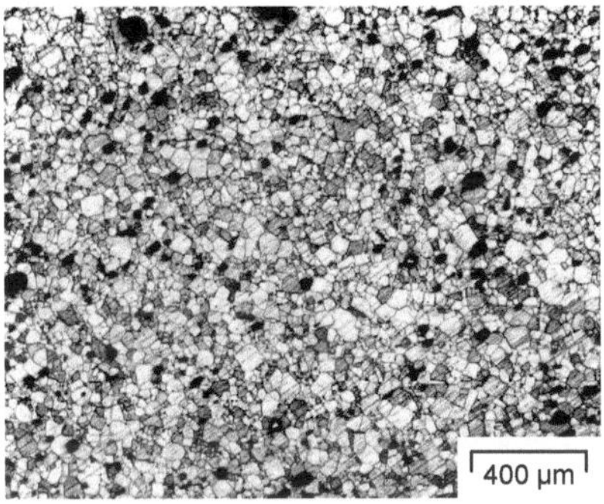

Abbildung 4.28: Gefüge des mit feinem Salz, MMD 26 μm, nassgepressten Kerns. Durch die feine Korngröße und entsprechend hohe innere Oberfläche und Reibung des Gefüges werden die makroskopischen Eigenschaften des Salzkerns bestimmt.

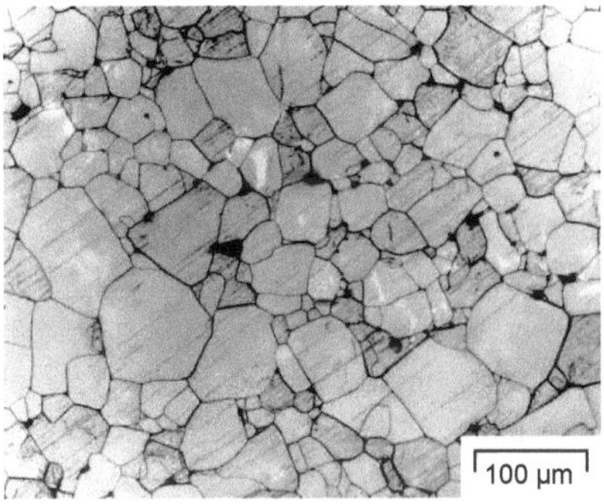

Abbildung 4.29: Gefüge des mit feinem Salz nassgepressten Kerns. Im Gegensatz zum mit grobem Salz nass verpressten Kern sind hier keine 'Ghost Korngrenzen' nach Spiers [106] erkennbar, was der Aussage von den Brok [107] entspricht und darauf hinweist, dass die makroskopisch hohe Festigkeit durch die Trennfestigkeit der Korngrenzen und die große innere Oberfläche des Salzes dominiert wird.

Abbildung 4.28 zeigt das Gefüge eines solchen Kerns. Neben der absolut beobachtbaren Feinheit des Gefüges, bedingt durch die eingesetzte feine Korngröße, lassen sich hier, auch bei entsprechender Vergrößerung, wie in Abb. 4.29, keine Ghost Korngrenzen mehr feststellen.

Als allgemeine Aussage lässt sich aus diesen Ergebnissen zudem ableiten, dass der Festigkeit, d.h. vielmehr der Stärke der Bindungen der Korngrenzen zwischen den einzelnen Kristalliten innerhalb des Salzkerngefüges eine enorme Bedeutung für die makroskopische Festigkeit zukommt. Die Biegefestigkeit etwa der Emil Müller Kerne wird in hohem Maße durch das eingesetzte Bindersystem dominiert. Zwar sind hier die Kristallite kaum bis gar nicht untereinander in Kontakt und können dementsprechend wenig Last übertragen, so wirkt jedoch das als Sinterhilfsmittel eingesetzte Borax als zwischen den Salzkörnern vorhandener Binder und macht so die Kraftübertragung durch das Gefüge möglich. Damit einhergehend begrenzt jedoch in gleichem Ausmaß die Festigkeit dieser Bindung die makroskopische Biegefestigkeit des Salzkerns.

Bei den beiden betrachteten nassgepressten Kernsystemen kam reines Natriumchlorid als Formstoff zum Einsatz. Für die vorhergehend festgestellten, gegenüber dem Emil Müller Kernsystem verbesserten mechanischen Eigenschaften dieses Kernsystems bedeutet dies, dass hier eben nicht das durch die Drucklösung ermöglichte Zusammenwachsen der einzelnen Kristallite der entscheidende Faktor ist. Vielmehr ist die makroskopisch beobachtete Biegefestigkeit der so hergestellten Salzkerne alleine durch die Trennfestigkeit der Korngrenzen im Gefüge definiert. Beim nassgepressten Kernsystem mit einem MMD von 431 μm wird deutlich, dass diese Trennfestigkeit in der gleichen Größenordnung liegt wie für das bei den Emil Müller Kernen verwendete Borax, siehe Abb. 4.22. Da diese Festigkeit der Bindungen zwischen den Korngrenzen für beide nassgepresste Kernsysteme gleich ist, muss die beobachtete Festigkeitssteigerung bei der Verwendung des feineren Salzes, MMD 26 μm, zwangsläufig von der durch die feinere Partikelgröße bedingten, massiv vergößerten inneren Oberfläche der Korngrenzen und einer damit verbundenen Erhöhung der inneren Reibung innerhalb des Gefüges herrühren, was sich letztendlich in der höheren beobachteten Biegefestigkeit äußert.

4.5 Eigenschaften bei höheren Temperaturen

Mit der Verwendung einer feinen Korngröße stellt sich für die nassgepressten Salzkerne die Frage, ob sich deren mechanische Eigenschaften durch einen thermischen Prozess noch weiter verbessern lassen. Denn wie bereits erwähnt beschreiben sowohl Thompson [38] als auch Goodall [40] die starke Abhängigkeit des wirksamen Mechanismus beim Sintern von Natriumchlorid von der Korngröße. Bei den im Fall des nassgepressten Kernsystems vorliegenden, mittleren Korngrößen von 26 μm erfolgt demnach der Sintervorgang vornehmlich über Volumendiffusion. Das heißt die hohe Temperatur lässt über eine intensivierte Halsbildung zwischen den Körnern und eine weitere Verdichtung des Salzkerns eine weitere Steigerung der Festigkeit erwarten.

Desweiteren berichten Joffe et al. [98] über eine signifikante Zunahme der Plastizität von Steinsalz. Yang und Conrad [108] stellen eine gesteigerte Duktilität von polykristallinem Natriumchlorid einer Korngröße von 30 μm bei 532 °C fest. Dies führen sie sowohl auf das in Zugversuchen beobachtete dynamische Kornwachstum unter Zugspannung als auch auf den Übergang zum Versetzungsklettern als den dominierenden Mechanismus im Druckversuch bei 75 % des Schmelzpunkts [109] zurück. Aufgrund der ähnlichen verwendeten Korngröße des Natriumchlorids sollte sich ein derartiges Verhalten bei den nassgepressten Salzkernen auch beobachten lassen.

Um dies qualitativ abzuprüfen, wurden nassgepresste Salzkerne zunächst in einem Heraeus-Umluftofen innerhalb von 4 h auf eine Temperatur von 520 °C aufgeheizt und dort für weitere 2 h gehalten und danach die Biegefestigkeit analog 3.1.2 (s. Seite 43f) im Drei-Punkt-Biegeversuch bestimmt.

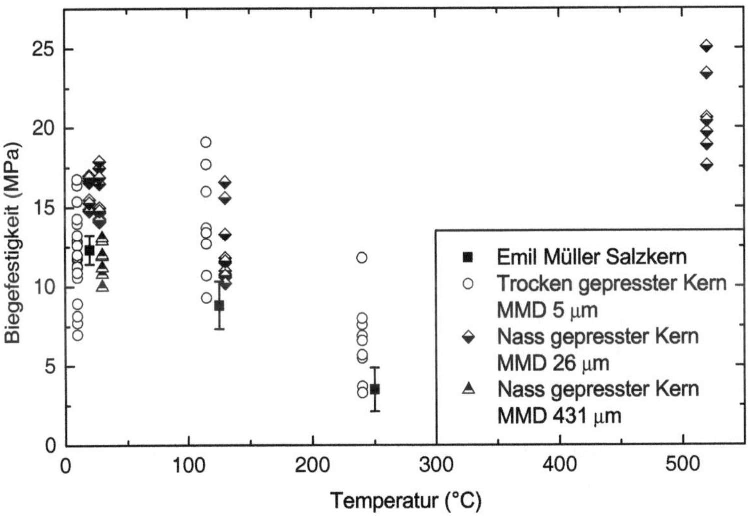

Abbildung 4.30: Biegefestigkeit aller betrachteten Kernsysteme bis 520 °C. Die nassgepressten Salzkerne mit einem MMD von 26 μm zeigen hier im Vergleich zu den anderen Kernsystemen und Temperaturen eine nochmals gesteigerte Biegefestigkeit.

In der Tat erreichen die nassgepressten Salzkerne bei dieser Temperatur eine bis über 20 MPa gesteigerte Festigkeit, wie es in Abb. 4.30 mit den Eigenschaften der anderen abgeprüften Kernsysteme zum Vergleich dargestellt ist.

Darüberhinaus zeigen die Salzkerne bei dieser Temperatur ein ausgeprägt plastisches Verhalten. Die Durchbiegung bis zum Bruch beträgt hier bis über 2,5 mm, vergleiche Abb. 4.31.

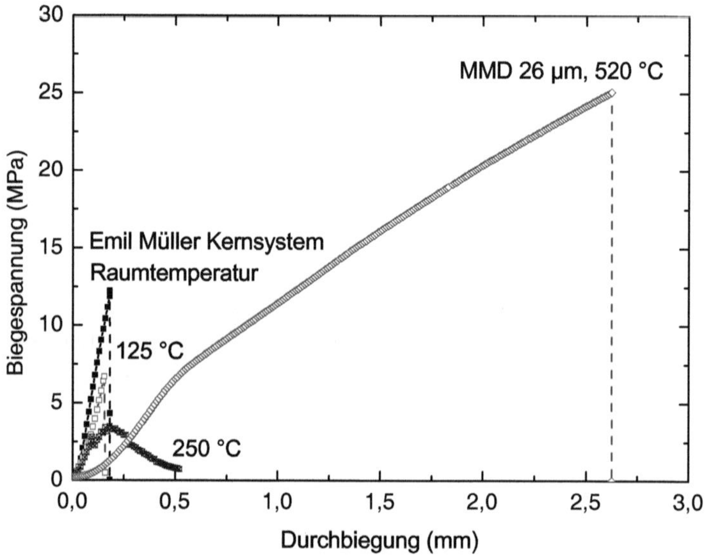

Abbildung 4.31: Beim Vergleich der ertragbaren Spannungen und Durchbiegungen bis zum Bruch wird der Unterschied im Verhalten des Emil Müller- und des nassgepressten Kernsystems deutlich. Durch die temperaturbedingte Abnahme des E-Moduls wird die gleiche Biegespannung zwar erst bei größeren Durchbiegungen erreicht, doch steigt die bis zum Bruch ertragbare Biegespannung auf bis über 25 MPa bei einer Durchbiegung von mehr als 2,5 mm an. Ein Verhalten, das insbesondere für die hohen beim Druckguss auftretenden, dynamischen Belastungen geeignet scheint.

Eine derart hohe Biegefestigkeit und insbesondere Duktilität steigern die maßgeblich von Kernbrüchen bestimmte Eignung der Salzkerntechnologie für den Einsatz im Druckguss enorm. Die bisher durch die geringe ertragbare Durchbiegung verursachten Kernbrüche könnten so durch eine geringe plastische Verformung des Kerns abgebaut werden.

Die erwarteten maßlichen Abweichungen sind aufgrund der, der dynamischen Belastung geschuldeten, kurzen Einwirkdauer bis zum Vorhandensein des hydrostatischen Spannungszustands entweder vernachlässigbar oder innerhalb der beim Druckguss üblichen maßlichen Toleranzen.

Der Einsatz von nassgepressten Salzkernen bei hohen Vorwärmtemperaturen von über 500 °C ist somit ein vielversprechender Ansatz für die erfolgreiche Anwendung der Salzkerntechnologie in einem potentiellen Serieneinsatz. Aufgrund der thermischen Dehnung bedarf es in diesem Temperaturbereich einer noch genaueren maßlichen Abstimmung von Kern und Kernmarke im Werkzeug. Diese sowie weitere Untersuchungen hinsichtlich des mechanischen Verhaltens der Salzkerne bei diesen hohen Temperaturen waren im Rahmen dieser Arbeit nicht mehr durchführbar.

4.6 Auswirkungen auf den Gießprozess

Aufgrund der Verbesserung der mechanischen Eigenschaften der Salzkerne, ob trocken- oder nassgepresst, waren positive Auswirkungen in den Gießversuchen feststellbar. Auf eine Auswertung hinsichtlich der Kernbruchhäufigkeit wurde aufgrund der geringen verfügbaren Probenanzahl verzichtet.

Im Folgenden wird auf die Verringerung der beobachteten Kernkompression und die mögliche Verbesserung der Oberflächenqualität der Gussbauteile eingegangen.

4.6.1 Verringerung der Kernkompression

Durch die bei den Emil Müller Kernen auftretenden Kernkompression von bis über 8 % bei in der dritten Phase des Druckgießprozesses wirksamen Drücken von 830 bar ergibt sich die Notwendigkeit, diese durch die vorhandene Porosität bedingte Kompression zu verringern.

Aus der Charakterisierung des Kernsystems mit einem MMD von 5 μm, geht hervor, dass die so in Laborversuchen darstellbaren relativen Ausgangsdichten der Kerne bei etwa 87 % bis 90 % und damit nach Gleichung (4.6) in einem Bereich liegen, in dem erwartungsgemäß eine Kernkompression feststellbar sein sollte, vgl. Abb. 4.22.

Abbildung 4.32 greift die Ergebnisse der Charakterisierung der ermittelten Kernkompression aus Gießversuchen mit den trocken gepressten Kernen auf und stellt sie den Ergebnissen aus der für die Emil Müller Kerne identisch durchgeführten Charakterisierung gegenüber.

Deutlich ist die signifikant verringerte Reduzierung der im Druckgussprozess auftretenden Kernkompression auszumachen. Wurden die Emil Müller Kerne bei deaktivierter Nachdruckphase schon durch den dynamischen Druckimpuls der Aluminiumschmelze von etwa 300 bar um etwa 3 % ihrer Ausgangsdimension komprimiert, so ist bei diesen Einstellungen für das trocken gepresste Kernsystem nur die durch die elastischen Eigenschaften bedingte Kernkompression von 0,1 % feststellbar.

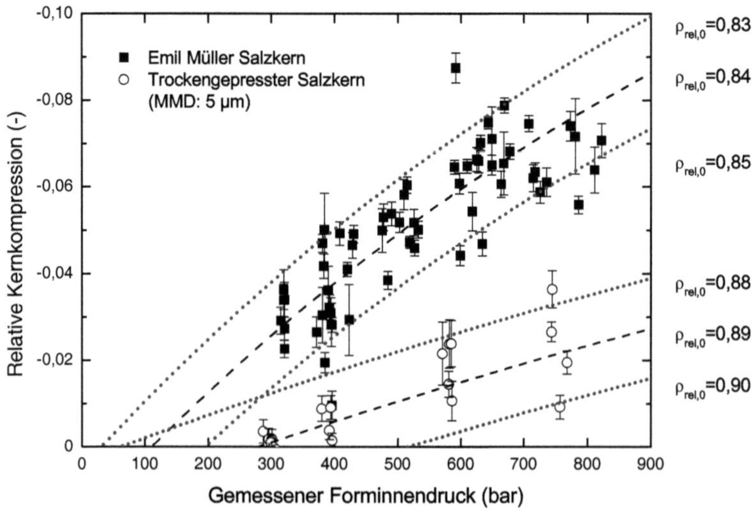

Abbildung 4.32: Relative Kernkompression als Funktion des gemessenen Forminnendrucks. Die Kernkompression des trocken gepressten Kernsystems mit einem MMD von 5 μm zeigt sich gegenüber den Emil Müller Kernen reduziert. Die feststellbare Kompression beträgt bei den höchsten gemessenen Forminnendrücken nur noch 3 % gegenüber 8 %, vgl. Fuchs und Körner [84].

Dem Verhalten aus Gleichung (4.3) folgend stellt sich bei in der Form gemessenen, wirksamen Nachdrücken von etwa 830 bar eine mittlere Kompression dieses Kernsystems von etwa 2,5 % ein. Gegenüber der mit den Emil Müller Kernen aufgenommenen Kernkompression entspricht dies einer Reduzierung um etwa zwei Drittel.

Weiterhin bestätigt dieses Ergebnis die in Gleichung (4.6) getroffene Prognose, dass mit einer wie hier dargestellten Erhöhung der relativen Ausgangsdichte zwar die Kernkompression verringert, aber nicht generell unterdrückt werden kann. Da dieses Kernsystem über der notwendigen, maximalen Ausgangsporosität von 9 % bleibt findet noch immer eine durch den Nachdruck hervorgerufene Kernkompression statt.

Dies verdeutlicht auch die Darstellung der auftretenden Kompression als druckabhängige Porosität der Salzkerne in Abb. 4.33. Es wird deutlich, dass sich die Porosität des trocken gepressten Kernsystems aufgrund des wirksamen Nachdrucks zwar nicht so ausgeprägt ändert wie für das Emil Müller System. Doch für hohe gemessene Nachdrücke folgen beide

Kernsysteme der gleichen Gesetzmäßigkeit für die durch den Nachdruck bedingte Kompression nach Heckel.

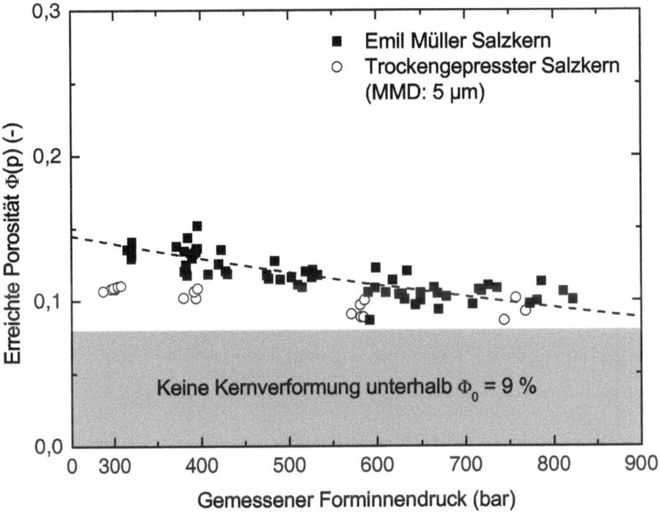

Abbildung 4.33: Darstellung der nach dem Gießprozess im Salzkern vorhandenen Restporositäten als Funktion des gemessenen Forminnendrucks für das Emil Müller- sowie das trocken gepresste Kernsystem mit MMD 5 μm. Die Beschreibung der notwendigen Eigenschaften des Kerns aus beiden Systemen führt zu einer maximal tolerablen Ausgangsporosität von 9 % für ein potentielles Kernherstellungsverfahren, das im Abguss bei druckgussüblichen Parametern keine Kompression mehr erfährt, vgl. Fuchs und Körner [84].

Daraus lässt sich schließen, dass für höhere relative Ausgangsdichten der Kerne zwar der kritische Wert des Drucks, ab dem eine Kompression stattfindet, nach oben verschoben wird, allerdings eine Kompression des Kerns nicht gänzlich verhindert werden kann, sofern die relative Dichte unterhalb den postulierten 91 % bleibt. Wird der kritische Druck dagegen überschritten, so folgt die Porosität der durch die abgewandelte Heckel-Gleichung in (4.6) beschriebenen Gesetzmäßigkeit. Genauso, wie es auch für die Emil Müller Kerne mit höherer Ausgangsporosität der Fall ist.

Aus der mechanischen Charakterisierung der nassgepressten Kerne ergibt sich nach der variierten Heckel-Gleichung somit die Erwartung, dass hier keine Kernkompression mehr auftritt. Denn sowohl für das nassgepresste Kernsystem mit einer mittleren Korngröße von MMD = 431 μm als auch für die mittlere Korngröße von MMD = 26 μm liegen die erreichten relativen Ausgangsdichten bei Werten zwischen etwa 94 % und 96 %. Beides Werte, die oberhalb der in Gleichung (4.6) festgehaltenen Zielgröße liegen.

In Abb. 4.34 sind deshalb die aus der Charakterisierung der Kernkompression stammenden Ergebnisse für beide nassgepresste Kernsysteme in Abhängigkeit des in der Nachdruckphase wirksamen Forminnendrucks aufgetragen. Zum Vergleich sind die von den jeweiligen relativen Ausgangsdichten herrührenden Grenzverläufe der relativen Kernkompression sowohl für das Emil Müller Kernsystem und für die trocken gepressten Kerne mitangegeben.

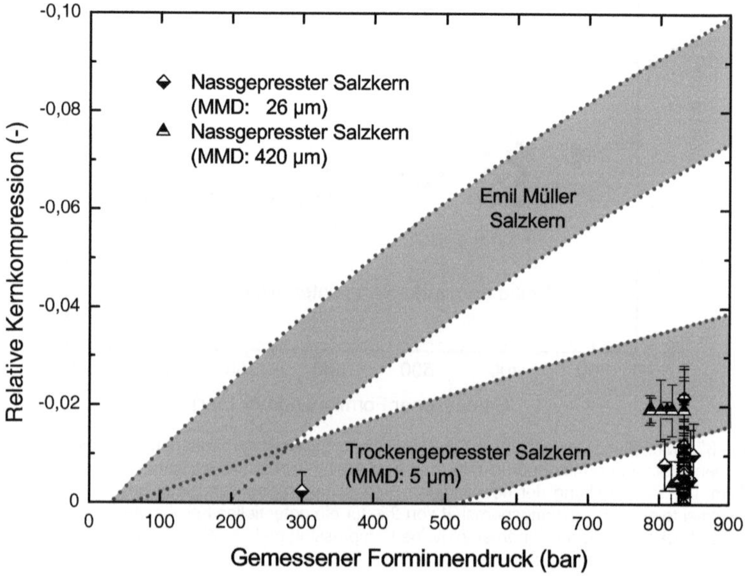

Abbildung 4.34: Experimentell ermittelte relative Kernverformung aller abgegossenen Kernsysteme als Funktion des gemessenen Forminnendrucks. Auch die Kompression der trocken gepressten Kerne lässt sich mit der Heckel-Gleichung beschreiben, Gleichung (4.3). Deutlich erkennbar ist die durch das Nasspress-Verfahren signifikant reduzierte Kernkompression. Anstatt 8 % für das Emil Müller-System weist sie mit 0,3 % für das nassgepresste System mit MMD 26 μm bei einem gleichen, gemessenen Gießdruck von etwa 830 bar nur noch die elastische Kompression des Kerns auf.

Für das nur bei hohen wirksamen Nachdrücken charakterisierte, nassgepresste Kernsystem mit einem MMD von 431 μm fallen die beobachteten Kompressionen zwar mit maximal 2,5 % signifikant geringer als für das Emil Müller System und immer noch ein wenig geringer als für das mit feinem NaCl trocken gepresste Kernsystem aus, doch sind diese immer noch höher als die aus der variierten Heckel-Gleichung stammende Erwartung. Eine mögliche Erklärung für die dennoch stattfindende, plastische Kernkompression stellt hier der Vorgang der Partikelumlagerung dar. Zwar wurde für dieses Kernsystem die gleiche makroskopische Ausgangsdichte von 95 % wie für das Kernsystem mit einem MMD = 26 μm festgestellt, doch ist es bei der Betrachtung von Abb. 4.26 denkbar, dass sich bei äußerer Belastung die Partikel dennoch in eine dichtere Lage in die sichtbare Porosität umpositionieren und so die beobachtete Kompression ermöglichen. Aufgrund der geringeren, sichtbaren Porosität, vgl. Abb. 4.28, ist dieser Mechanismus für das Kernsystem mit MMD = 26 μm nicht mehr wahrscheinlich.

Für das mit feinerem Salz, MMD = 26 μm, nassgepresste Kernsystem stimmt die Erwartung aus Gleichung (4.6) sehr gut mit den beobachteten Ergebnissen der Kernkompression überein. Bei deaktivierter dritter Phase konnte auch hier, ähnlich den trocken gepressten Salzkernen, lediglich eine vernachlässigbar geringe Kernkompression von etwa 0,2 % beobachtet werden. Bei den höchsten untersuchten, in der Form wirsamen Nachdrücken von etwa 830 bar stellt sich im Mittel eine relative Kernkompression von 0,5 % ein. Die hier messbare Kernkompression stimmt allerdings unter Berücksichtigung der ermittelten E-Moduln der Salzkerne bei 125 °C, siehe Abb. 4.24, mit dem in Gleichung (4.5) angenommenen Wert des elastischen Anteils der Kernverformung von $\zeta_{el} = 0{,}5\,\%$ überein. Das bedeutet, dass die hier auftretende Kernkompression allein aus der elastischen Verformung des Salzkerns stammt.

Zudem muss bei dieser Betrachtung berücksichtigt werden, dass die mit den verwendeten Messmitteln erreichbare Genauigkeit von 0,01 mm einem Fehler in der relativen Kernverformung von $\zeta_{err} = 0{,}4\,\%$ entspricht.

Vergleicht man diesen Wert der Kernkompression mit den bei gleich hohen Nachdrücken festgestellten 8 % für das Emil Müller Kernsystem, so entspricht dies einer Reduzierung um annähernd 94 %.

4.6.2 Verbesserung der Oberflächenqualität

Nach den positiven Auswirkungen der alternativen Herstellungsverfahren auf die Kernkompression werden im Folgenden die Ergebnisse hinsichtlich einer verbesserten Oberflächenqualität der Druckgussteile diskutiert.

Bei der Untersuchung der Oberflächen von Salzkernen und Gussteilen unter dem Weißlichtsensor, wie es bereits in 4.3 für die Emil Müller Kerne erfolgt ist, fallen die generell signifikant geringeren Rauheiten des trocken- als auch des nassgepressten Kernsystems auf. Lagen die oberflächenbezogenen Rauheiten des Emil Müller Systems bei einem Wert von $sR_z = 381\,\mu$m für den Salzkern und $sR_z = 660\,\mu$m für das damit abgegossene Gussbauteil so liegt die erreichte Oberflächenrauheit von jeweils $sR_z = 56\,\mu$m für sowohl den Salzkern

(MMD = 26μm) als auch das damit abgegossene Gussbauteil bei einem Bruchteil des vorher erreichten Wertes, vergleiche Abb. 4.35.

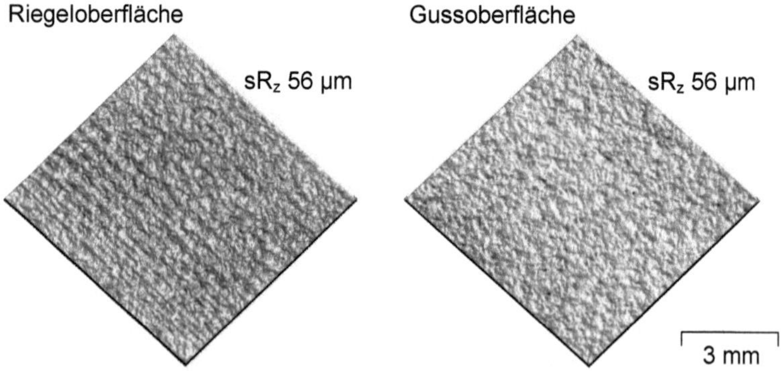

Abbildung 4.35: Die Weißlichtsensor-Aufnahme ermöglicht einen räumlichen Eindruck der untersuchten Oberflächen. Allerdings wird die Ähnlichkeit der Oberflächen des nassgepressten Salzkerns (MMD = 26μm) sowie des damit dargestellen Gussteils nicht nur durch den optischen Eindruck offensichtlich, sondern äußert sich auch in den identischen flächenbezogenen Werten der Rauheit von $sR_z = 56\mu$m. Der streifenartige Eindruck auf der Kernoberfläche rührt vom Senkerodieren der Werkzeugmatrize her.

Auffallend ist hierbei, dass sich die Oberflächen von Salzkern und Gussbauteil sehr ähneln. War bei den Emil Müller Kernen die Abbildung der aufgezeigten Kornzwischenräume noch offensichtlich nachvollziehbar, ist hier keine derartig stark ausgeprägte Infiltration der Salzkernoberfläche mehr erkennbar. Auf der Oberfläche des nassgepressten Salzkerns ist darüberhinaus eine Art Streifenmuster erkennbar. Dieses rührt allerdings nicht vom eingesetzten Formstoff her, sondern bildet die Oberfläche des für das Abpressen der Kerne verwendeten Presswerkzeuges ab. Dabei werden die Schleifspuren der senkerodierten Matrize bei der Kernentformung als Streifen auf der Kernoberfläche abgebildet.

Für das trocken gepresste Kernsystem ist die dargestellte Oberflächenqualität noch besser als die beim nassgepressten Kern erreichte Rauheit. Mit der mittleren Korngröße des eingesetzen Salzes von MMD = 5μm werden flächenbezogene Rauheitswerte von $sR_z = 15\mu$m für die Kernoberfläche und $sR_z = 16\mu$m für das dargestellte Versuchsgussteil erreicht, siehe Abb. 4.36. Im Vergleich zu den beiden anderen betrachteten Kernsystemen tritt hier nun keinerlei aus der Aufnahme des Weißlichtsensors identifizierbare Oberflächenstruktur auf.

Wie schon beim nassgepressten Kernsystem beobachtet, sind die Rauheiten von Kern und Gussbauteil nahezu identisch. Genausowenig ist eine Infiltration der Salzkernoberfläche durch das schmelzflüssige Aluminium zu beobachten.

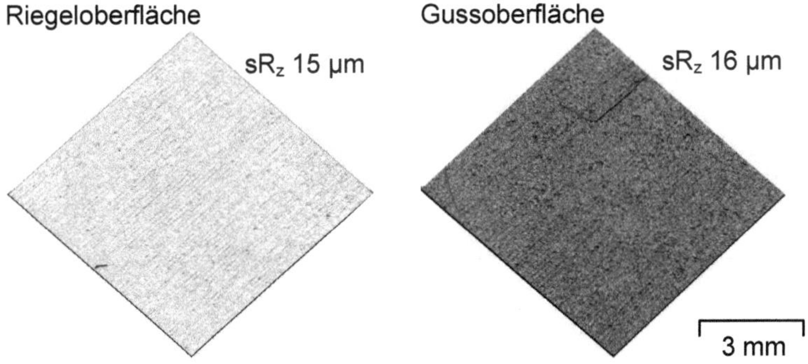

Abbildung 4.36: Wie beim nassgepressten Kernsystem sind die flächenbezogenen Werte der Oberflächenrauheit für das trocken gepresste Kernsystem (MMD = 5 μm) und das entsprechende Gussteil in der Untersuchung mit dem Weißlichtsensor nahezu identisch. Aufgrund des feinen Formstoffes sind keine einzelnen Körner als Erhebungen an der Oberfläche des Kerns mehr sichtbar.

In beiden Fällen folgt die erreichte Oberflächenqualität der qualitativen Beschreibung von Kugel und Bührig-Polaczek [20], die den Einfluss der Korngröße des eingesetzten Formstoffes auf die Rauheit des Gussbauteils beschreiben. Allerdings kann - zumindest bei den geringen ermittelten, flächenbezogenen Rauheitswerten des trocken gepressten Kernsystems (MMD = 5 μm) - nicht mehr von einem direkten Einfluss des Formstoffs ausgegangen werden. Im Bereich dieser geringen Oberflächenrauheiten muss der Einfluss der Werkzeugoberfläche berücksichtigt werden. Unter Berücksichtigung der für die Stempelflächen und die Matrizeninnenseite maximal zulässigen Rauheiten von $R_z = 25\,\mu$m kann davon ausgegangen werden, dass der größte Einfluss auf die Rauheiten des Kerns und des Gussbauteils von der Bearbeitungsqualität des Werkzeugs und nicht von der Korngröße des eingesetzten Formstoffes ausgeht.

4.7 Ölwannenoberteil (ÖWOT) als Anwendungsbeispiel

Anhand des vorherig erwähnten Ölwannenoberteils lässt sich die Möglichkeit der erweiterten geometrischen Komplexität demonstrieren. Abb. 4.37 zeigt dazu die Schnitte durch den Öldruckkanal eines konventionell und eines mit Salzkern gegossenen Bauteils.

Mit Hilfe der erweiterten darstellbaren geometrischen Komplexität, die der Salzkern bietet, ist es möglich, durch einen zusätzlichen Hinterschnitt die durch die Entformungsschräge bedingte Materialanhäufung und die damit verbundene erhöhte Lunkerneigung zu beseitigen und in Folge dessen die Ausbringung und die Produktivität zu erhöhen.

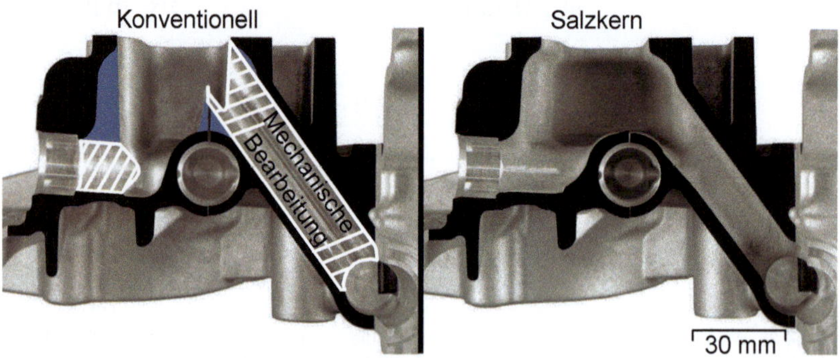

Abbildung 4.37: Schnitte der konventionell und mit Salzkern im Druckguss dargestellten Kanalgeometrie im V8 TFSI Ölwannenoberteil. Neben den Vereinfachungen im Werkzeug konnten mechanische Tieflochbearbeitung eingespart und Hinterschnitte zur Reduzierung der Lunkerneigung eingebracht werden. Zudem verläuft der Ölkanal durch den Entfall des durch die mechanische Bearbeitung bedingten scharfen Absatzes strömungsgünstiger.

Zusätzlich kann die aufwendinge und kostenintensive Tiefloch-Bohrbearbeitung des Öldruckkanals vollständig eingespart werden. Hinzu kommt, dass der erst durch die mechanische Bearbeitung entstehende Grat in der konventionellen Geometrie strömungsgünstiger mit einer Rundung dargestellt werden kann.

Untersuchungen hinsichtlich auftretender Kernkompressionen und Kernbruchhäufigkeiten konnten im Rahmen der vorliegenden Arbeit nicht mehr geleistet werden.

5 Zusammenfassung und Ausblick

Nach der Präsentation und Diskussion der erhaltenen Ergebnisse aus den Untersuchungen werden diese im Folgenden kurz zusammengefasst sowie Ansatzpunkte für weitere Forschungstätigkeiten und ein Ausblick auf mögliche Anwendungen von verlorenen Salzkernen im Druckguss gegeben.

In den im Rahmen dieser Arbeit durchgeführten Untersuchungen konnte gezeigt werden, dass im Druckgussverfahren eingesetzte Salzkerne auf mehrere Weisen versagen können. Anhand von bereitgestellten Emil Müller Kernen war es möglich, das sich als Kernbruch äußernde Versagen des Salzkerns auf eine ausschließlich von der Anschnittgeschwindigkeit abhängige dynamische Belastung des Kerns durch die Metallschmelze zurückzuführen. Vollständig hiervon trennen lässt sich eine vom Nachdruck abhängige Kernkompression, die sich in einer höheren Wandstärke der Druckgussteile äußert. Die beim Abguss dieser Kerne beobachtete hohe Oberflächenrauheit wurde als kritisch hinsichtlich einer Eignung für den Einsatz in einem Serienprozess identifiziert.

Die Untersuchungen ermöglichen sowohl die qualitative als auch quantitative Bewertung dieser Einflüsse und bieten mit der Abbildung in der Simulation und einem alternativen Herstellungsverfahren einen Ansatzpunkt für die serientaugliche Qualifizierung dieser Technologie.

Das Kernversagen durch Bruch konnte mit der Strömungssimulationssoftware Flow3D abgebildet werden, indem gekoppelte Strömungs- und FEM-Simulationen für verschiedene Anschnittgeschwindigkeiten durchgeführt wurden. Dabei dienten aus der mechanischen Charakterisierung gewonnene, temperaturabhängige Eigenschaften des Salzkerns als objektiver Grenzwert für die Auswertung der Simulationen.

Hier konnte das Kernversagen auf die unvollständige Füllung der Kavität um den Kern beim Auftreten einer ersten, überkritischen Biegebelastung als Ursache für die in den Experimenten beobachteten Kernbrüche zurückgeführt werden.

Zusätzlich zur Abbildung der Schädigung wurde eine Mindestauflösung für das FDM-Netz der Simulation zu 1 mm bestimmt.

Durch bei verschiedenen Nachdrücken durchgeführte Gießversuche konnte die auftretende Kernkompression als vom auftretenden Nachdruck und relativer Ausgangsdichte der Salzkerne abhängige Größe quantifiziert werden. Mit Hilfe einer variierten Heckel-Gleichung wurde eine analytische Beschreibung der Kernverformung entwickelt, anhand derer es darüberhinaus möglich war, einen Zielwert für eine maximale Ausgangsporosität der Kerne zu definieren. Ab diesem Zielwert kann eine Verdichtung des Kerns während des Druckgussprozesses ausgeschlossen werden.

Aus den so gewonnenen Erkenntnissen ergab sich die Notwendigkeit der Verbesserung des Kernsystems hinsichtlich der Biegefestigkeit, insbesondere bei erhöhten Vorwärmtemperaturen für den Prozess und hinsichtlich einer höheren relativen Ausgangsdichte, um nachdruckbedingte Kernverformungen zu verhindern oder zumindest zu minimieren. Ein weiteres Ziel war die Verbesserung der beim Abguss dargestellten Oberflächenrauheit der Gussteile.

Anhand dieser Ziele wurden zwei Ansätze für ein alternatives Herstellungsverfahren für druckgussgeeignete Salzkerne verfolgt. Ein mit einer mittleren Korngröße von MMD = 5 μm trocken gepresster Salzkern zeigt hier erste Verbesserungen. Sowohl die gegenüber dem Emil Müller Kern über den gesamten betrachteten Temperaturbereich höhere Biegefestigkeit als auch die höhere relative Ausgangsdichte waren für die Darstellung von Versuchsdruckgussbauteilen vielversprechend. In den Abgüssen konnte hier eine deutlich verringerte Kernkompression sowie eine merklich verbesserte Oberflächenqualität festgestellt werden. Allerdings ergab sich eine hohe Schwankung der mechanischen Eigenschaften aufgrund der hohen inneren Reibung während des Herstellungsprozesses, die Fehlstellen zwischen unterschiedlich verdichteten Bereichen der Kerne entstehen lässt.

Ein zweiter Ansatz der Kernherstellung wurde mit dem nassen Verpressen eines Salzpulvers einer mittleren Korngröße von 26 μm verfolgt. Die so hergestellten Kerne zeigten eine nochmals verbesserte Biegefestigkeit im betrachteten Temperaturbereich und eine nochmals, über den als kritisch definierten Wert hinaus, verbesserte relative Ausgangsdichte. Mit diesen Kernen wurden erfolgreich Versuchsdruckgussbauteile hergestellt, an denen keine nennenswerte, plastische, Kernverformung mehr festgestellt werden konnte. Zudem konnte mit den Kernen eine Qualität der Gussoberflächen dargestellt werden, die nach Feikus et al. [110] der Rauheit von konventionellen Druckgussbauteilen sehr nahe kommt.

Dieses Verfahren birgt ein enormes Potential, den Prozess des Leichtmetalldruckguss mit verlorenen Kernen aus Salz zu etablieren. Die mechanischen Eigenschaften des Kerns sind hier ein Beitrag. Der Hebel dieses Verfahrens liegt allerdings im entfallenden Hochtemperaturprozess. Sei es das Sintern für am Markt verfügbare, gepresste oder das Schmelzen für aus der flüssigen Phase hergestellte Salzkerne. Der notwendige Trocknungsprozess erfolgt nicht nur bei drastisch geringeren Temperaturen, sondern könnte im Rahmen des Vorheizens der Kerne entsprechende Synergien - eventuell aus in Gießereien üblicherweise abundant vorhandener Abfallwärme - nutzen.

Darüberhinaus ging aus den Versuchen hervor, dass ein optimiertes Kernsystem ohne weitere Anpassung des Prozesses nicht zielführend sein kann. Vielmehr müssen neben dem Kern auch die darzustellende Bauteilgeometrie und die Prozessseite betrachtet werden, vergleiche Abb. 5.1.

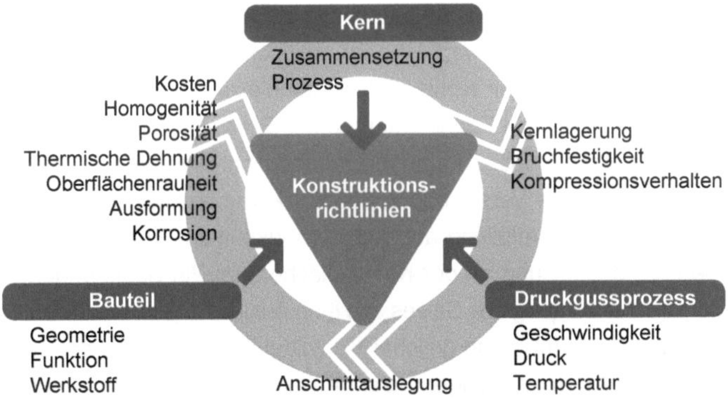

Abbildung 5.1: Für die erfolgreiche Anwendung der Salzkerntechnologie im Druckguss ist es nicht ausreichend, ausschließlich das Kernsystem zu optimieren. Vielmehr muss eine Betrachtung anhand aller Einflussgrößen auf die darzustellende Geometrie sowie des Druckgussprozesses an sich erfolgen.

In erster Linie besteht eine Einschränkung hinsichtlich darstellbarer Geometrien nicht nur aus dem Herstellungsprozess der Salzkerne, sondern auch hinsichtlich der darzustellenden, hinterschnittigen Geometrie selbst.

Wird zum Beispiel bei der Erstellung der gewünschten Geometrie des Hohlraums nicht die Herstellbarkeit des Salzkerns betrachtet, hat dies direkt negativen Einfluss auf die Eigenschaften des Salzkerns. Es gilt konstruktive, d.h. die geometrische Bauteilauslegung betreffende Aspekte, zu berücksichtigen. So müssen Querschnittssprünge benachbarter Bereiche mit hohen Aspektverhältnissen vermieden werden. Diese erschweren zum Einen den Pressvorgang technologisch und führen damit zu ungleichmäßiger Verdichtung mit einer entsprechend ungleichmäßigen, im schlechtesten Falle, verringerten Verdichtung und damit direkt verknüpft, verringerten mechanischen Eigenschaften. Zum Anderen verursacht die Geometrie aufgrund des so hervorgerufenen Steifigkeitssprungs eine erhöhte Kerbwirkung, die sich abträglich auf die Prozessstabilität auswirken wird.

Stets sollte eine ausreichende Entformungsschräge Berücksichtigung finden, um die Entformung überhaupt zu ermöglichen und die Entstehung von entformungsbedingten Rissen im Salzkerninneren zu vermeiden. Aufgrund der relativ geringen Biegefestigkeit der Salzkerne sind schlanke, frei tragende Geometrien möglichst abzustützen. In der jeweiligen Bauteilkonstruktion müssen diese Abstützungen im Druckgusswerkzeug dementsprechend als Durchbrüche, d.h. Öffnungen an der Bauteiloberfläche, toleriert werden können.

Ein weiterer Aspekt ist die Lagerung der Salzkerne im Druckgusswerkzeug selbst. Von einem als Pin ausgeführten Kernlager, auf das der verwendete Kern mit Hilfe einer in diesem vorhandenen Öffnung aufgesteckt wird, ist eher abzusehen. Zum Einen bedingt diese Öffnung an der Kernoberfläche einen technologisch komplexeren Pressvorgang als üblich, da dieser Pin als Negativ als eigene Ebene während des Pressvorgangs des Salzkerns in das Volumen verfahren werden muss. Zum anderen ermöglicht diese Art der Kernlagerung eine vermehrte unbeabsichtigte Verschiebung des Salzkerns aus der vorgesehenen Position heraus. Die während der Formfüllung auf den Kern wirkenden Kräfte induzieren über die vorliegende Hertzsche Pressung an der Kontaktfläche zum Pin Spannungen im Kern und äußern sich dort als Verdichtung des Salzes, die eine Auslenkung des Salzkerns ermöglicht. Bei höherer Belastung kommt es an gleicher Kontaktstelle zum Bruch des Kerns, was die Einsatzfähigkeit dieser Art der Kernlagerung enorm einschränkt. Eine unzureichende Auslegung der Kernmarken wird sich gleichermaßen in einer erhöhten Häufigkeit an Kernbrüchen sowie einer verschlechterten Entformung aufgrund der begrenzten Zugänglichkeit äußern. Die Positionierung des Kerns innerhalb des Werkzeugs muss genauso wie die Prozessparameter des Druckgussprozesses in der Auslegung berücksichtigt werden. Diese beiden Randbedingungen beeinflussen maßgeblich die auf den Kern wirkenden mechanischen Belastungen und sind damit direkt mit einem eventuellen Kernversagen verknüpft.

Zweckmäßiger ist die Aufnahme des Kerns in speziell gestaltete Kernmarken, die eine dafür am Kern vorgesehene als Positiv ausgeprägte Kernmarke auf allen Seiten umfassen. Dies erfordert zwar eine exakte Abstimmung von Werkzeug- sowie Salzkerngeometrie unter Berücksichtigung der angestrebten Vorwärmtemperatur, ist aber hinsichtlich des dann möglichen Toleranzausgleiches über Entformschrägen wesentlich unempfindlicher gegenüber entstehenden komplexen mehrachsigen Spannungszuständen. Eine extensive Untersuchung der optimalen Toleranzen der Kernlagerung im Werkzeug konnte im Rahmen dieser Arbeit nicht mehr durchgeführt werden und ist deshalb ein interessanter Ansatz für weitere, den Einsatz dieser Technologie betreffenden Untersuchungen.

Nicht zuletzt stellt auch die salzkerngerechte Auslegung des Anschnittsystems eine Herausforderung dar. Mit der direkten Beeinflussung des Füllverhaltens und damit der Bauteilqualität bestimmt die Anschnittauslegung maßgeblich, ob der Einsatz von verlorenen Kernen einer begrenzten mechanischen Festigkeit in einer gegebenen Geometrie sinnvoll realisierbar ist. Aus den experimentellen Untersuchungen geht hervor, dass schroffe und mehrfache Umlenkungen in der direkten Umgebung des Kerns zu Staudrücken führen, die zu einer hohen Belastung und damit möglicherweise dessen Versagen führen. Gezielte Untersuchungen werden hier der Prozessstabilität förderlich sein.

Neben der rein technologischen Betrachtung der Anwendung verlorener Salzkerne im Leichtmetalldruckguss stellt sich auch die Frage nach deren Nachhaltigkeit. Ohne Betrachtung in dieser Arbeit, und damit umso interessanter für nachfolgende Forschungen, blieb die Frage des Salzkernrecyclings. Bei einer Umsetzung in Großserie muss der Aspekt des Eintrags von Natriumchlorid in die Umwelt in Augenschein genommen werden. Ein optimaler Prozess wird den tatsächlich verworfenen Anteil an Salz beziehungsweise Sole so gering wie möglich halten und stattdessen die als Bruchstücke entformten Salzkernfragmente einer Wiederaufbereitung im Kreislauf zuführen.

Literaturverzeichnis

[1] DIN 8580 - Fertigungsverfahren.

[2] E. Brunhuber. *Praxis der Druckgussfertigung.* Schiele & Schön, 1991.

[3] B. Nogowizin. *Theorie und Praxis des Druckgusses.* Fachverlag Schiele & Schön GmbH, Berlin, 2011.

[4] A. M. Weidler and J. Müller. Vacural-Druckguss für hoch beanspruchte Bauteile. *Giesserei*, 95:36–40, 2008.

[5] Aluminium Rheinfelden GmbH. *Primary Aluminium Alloys for Pressure Die Casting*, 2007.

[6] TRIMET ALUMINIUM AG. Datenblatt: trimal®-05 - Druckgusslegierung für chrashrelevante Anwendungen. Technical report, TRIMET ALUMINIUM AG, 2008.

[7] H. Ziegler and U. Schwab. Fertigung von Innengewinden aus Zinkdruckguss durch Einfallkerne. *Giesserei*, 99:66–69, 2012.

[8] L. H. Kallien, T. Weidler, C. Hermann, and U. Stieler. Druckgussteile mit funktionalen Hohlräumen durch Gasinjektion. *Giesserei*, 93:20–29, 2006.

[9] F. Heinrich. *Leichtbauverbundstrukturen durch Umgießen von Aluminiumschaumkernen im Druckguss.* PhD thesis, Universität Erlangen-Nürnberg, 2003.

[10] M. Hirschmann, H. Wiehler, C. Körner, and R. F. Singer. Light metal integral foam a promising material for structural applications. In G. Stephani and B. Kieback, editors, *Proceedings of the International Symposium on Cellular metals for Structural and Functional Applications 2005*, pages 147–154. CELLMET 2005, 2005.

[11] M. Hirschmann. *Herstellung und Eigenschaften von spritzgegossenen Magnesium-Integtralschäumen.* PhD thesis, Friedrich-Alexander-Universität Erlangen-Nürnberg, 2007.

[12] M. Hirschmann, C. Körner, and R. F. Singer. Integral foam molding a new process for foamed magnesium castings. *Materials Science Forum*, 539-543:1827–1832, 2007.

[13] H. Wiehler, P. Heinl, C. Körner, and R. F. Singer. High Pressure Integral Foam Moulding of Aluminium. In *MetFoam 2007: Porous Metals and Metallic Foams*, pages 43–46. DEStech, 2008.

[14] H. Wiehler, C. Körner, and R. F. Singer. High Pressure Integral Foam Moulding of Aluminium Process Technology. *Advanced Engineering Materials*, 10:171–178, 2008.

[15] F. Heppes. Patent: DE102008039208; Urformkerne zur Herstellung umfangreich konturierter, hinterschnittiger Hohlräume in Urformteilen, damit hergestellte Urformteile sowie Verfahren zur Herstellung, Anwendung und Entfernung der Kerne, 2009.

[16] P. Dinger, F. Heppes, and S. Rupp. Stabile Einlegerohre für Gießereien. *Giesserei*, 99:22–27, 2012.

[17] K.-H. Ilzhöfer and A. Salkic. Patent: DE102008023336; Gießkern zum Herstellen eines Gussbauteils, 2008.

[18] H. Mögling. Patent: EP1952914; Vorrichtung und Sandkern zur Herstellung eines Kurbelgehäuses, 2007.

[19] E. H. Page. Patent: US4298051; method of die casting utilizing expendable sand cores, 1979.

[20] A. Kugel and A. Bührig-Polaczek. Möglichkeiten zur Erzeugung von Hohlräumen in Druckgussteilen. *Giessereiforschung*, 56:14–22, 2004.

[21] D. Raab, K. Hartmann, and D. Hülsenberg. Entwicklung einer Schmelzkerntechnologie Teilprojekt 2: Lösliche Gießkerne aus Glas. Technical report, Technische Universität Ilmenau, 2003.

[22] D. Raab and D. Hülsenberg. Säurelösliche Hohlglaskerne für den Aluminiumguss, Teilprojekt 2: Hohle Gießkerne aus Glas. Technical report, Technische Universität Ilmenau, 2005.

[23] H.-G. Haldenwanger and A. Stich. Patent: DE19653542; Aus einer Leichmetall-Legierung gegossenes Bauteil, 1996.

[24] S. R. Feldman. *Sodium Chloride*, chapter Sodium Chloride, pages 797–822. Wiley-Interscience, 2005.

[25] H. Fizeau. Ueber die Eigenschaft des Iodsilbers, sich in der Wärme zusammenzuziehen und in der Kälte auszudehnen. *Annalen der Physik und Chemie*, 208:292–307, 1867.

[26] W. Voigt. Bestimmung der Elasticitätskonstanten von Flussspath, Pyrit, Steinsalz, Sylvin. *Göttinger Nachrichten*, 11:299–340, 1888.

[27] L. Gmelin. *Gmelins Handbuch der anorganischen Chemie 8. Auflage.* Verlag Chemie GmbH, 1973.

[28] T. Lohkämper. *Phasenverschiebungs-Interferenzmikroskopie von lastinduzierten Lösungs-/ Fällungsprozessen an Grenzflächen von Halit und NaCl-Lösung.* PhD thesis, Ruhr-Universität Bochum, 2002.

[29] E. H. Rutter. Pressure solution in nature, theory and experiment. *Journal of the Geological Society London*, 140:725–740, 1983.

[30] C. J. Spiers and R. H. Brzesowsky. Densification behaviour of wet granular salt: Theory versus experiment. *Proceedings of the Seventh Symposium on Salt*, 1:83–92, 1993.

[31] C. Ellinger. *Untersuchungen zum Permeationsverhalten von Salzlaugen in Steinsalz bei der Endlagerung wärmeentwickelnder nuklearer Abfälle.* PhD thesis, Technische Universität Darmstadt, 2005.

[32] F. Renard, P. Ortoleva, and J. P. Gratier. Pressure solution in sandstones: influence of clays and dependence on temperature and stress. *Tectonophysics*, 280:257–266, 1997.

[33] F. Nenna and A. Aydin. The formation and growth of pressure solution seams in clastic rocks: A field and analytical study. *Journal of Structural Geology*, 33:633–643, 2011.

[34] B. Ilschner and R. F. Singer. *Werkstoffwissenschaften und Fertigungstechnik.* Springer-Verlag Berlin Heidelberg, 2005.

[35] W. D. Kingery and M. Berg. Study for the Initial Stages of Sintering Solids by Viscous Flow, Evaporation-Condensation, and Self-Diffusion. *Journal of Applied Physics*, 26: 1205–1212, 1955.

[36] J. B. Moser and D.H. Whitmore. Kinetics of Sintering of Sodium Chloride in the Presence of an Inert Gas. *Journal of Applied Physics*, 31:488–493, 1959.

[37] F. B. Swinkels and M. F. Ashby. A Second Report on Sintering Diagrams. *Acta Metallurgica*, 29:259–281, 1980.

[38] R. J. Thompson and Z. A. Munir. Influence of Particle Size on the Sintering Kinetics of Ultrapure Sodium Chloride. *Journal of The American Ceramic Society*, 85:312–316, 1982.

[39] T. Sata. Expansion During Sintering of NaCl Powders. *Ceramics International*, 20: 39–47, 1994.

[40] R. Goodall, J.-F. Despois, and A. Mortensen. Sintering of NaCl powder: Mechanisms and first stage kinetics. *Journal of the European Ceramic Society*, 26:3487–3497, 2006.

[41] K. Anderko and M. Stark. Verwendung wasserlöslicher Sintersalzkerne bei Leichmetallguß. *Giesserei*, 56:540–545, 1969.

[42] M. Laudenklos. Patent: EP2082819; Druckfester Kern mit verbessertem Binder, 2009.

[43] M. Laudenklos. Patent: DE102004006600; Entfernbarer Kern zum Metallgießen und Verfahren zur Herstellung eines Kerns, 2005.

[44] W. N. Brown and P. M. Robinson. Patent: US3645491; soluble metal casting cores comprising a water-soluble salt and synthetic resin, 1972.

[45] J. Yaokawa, Da. Miaura, K. Anzai, Y. Yamada, and H. Yoshii. Strength of Salt Core Composed of Alkali Carbonate and Alkali Chloride Mixtures Made by Casting Technique. *Japan Foundary Engineering Society*, 78:516–522, 2006.

[46] Y. Yamada, J. Yaokawa, H. Yoshii, and K. Anzai. SAE-Paper: developments and application of expendable salt core materials for high pressure die casting to apply cloded-deck type cylinder block, 2007.

[47] T. F. Flessner and C. S. Marr. Patent: US5303761; die casting using salt cores, 1994.

[48] M. Scheydecker. Patent: DE102009015984; Verfahren zur Herstellung eines Salzkerns für Metallgussverfahren, 2010.

[49] K. Anzai, K. Oikawa, and Y. Yamada. Patent: WO2010126135; method for producing salt core for casting, 2010.

[50] W. Tilch. GIFA 99 - Form- und Kernherstellung mit chemisch gebundenen Formstoffen. *Giesserei*, 86:31–43, 1999.

[51] Grötzinger, H.-D. Patent: WO2005080022; Wasserlösliche Salzkerne für den Druckguss, 2004.

[52] E. Graf and G. Söll. Patent: DE1101145876; Vorrichtung zur Herstellung eines Druckgussbauteils mit einem Kern und einem Einlegeteil, 2003.

[53] D. E. Grebe, M. P. Potratz, W. G. Hesterberg, and T. M. Cleary. Patent: US6478073; composite core for casting metallic objects, 2001.

[54] S. Padovan, B. Fritsche, and P. Jung. Patent: DE102007015051; Kern für Druckgiessformen, 2007.

[55] U. Padovan, S. amd Jordi and B. Fritsche. Patent: EP1974839; Verfahren zum Druckgießen, 2008.

[56] S. Padovan, B. Hübsch, and B. Fritsche. Patent: DE102008002376; Verlorener Kern, 2008.

[57] Grötzinger, H.-D. Patent: WO2008003517; Wasserlöslicher Salzkern mit Funktionsbauteil, 2006.

[58] A. Schäfer. Patent: DE102007062965; producing cast core having cylinder liner to produce engine blocks made of cast metal, by bonding/adhering washable core material such as salt with surface of cylinder liner, and forming and sintering off core material on the liner surface, 2009.

[59] S. Beer, T. Batz, H. Denndörfer, and H. Völler, J. abd Haensel. Zukunftstechnologie für hoch belastete Druckgussmotoren aus Aluminium. *Giesserei*, 94:36–43, 2007.

[60] J. Yaokawa, K. Anzai, and Y. Yamada. Patent: EP2022577; method for producing salt core for casting and salt core for casting, 2007.

[61] J. Yaokawa, K. Anzai, and Y. Yamada. Patent: EP2022578; salt core for casting, 2007.

[62] Masuo, Ewisaba, Kawagos, and Saitarma. Patent: DE19752518; method for pressure casting, 1997.

[63] A. D. Ackerman and H. A. Aula. Patent: US4446906; method of making a cast aluminium based engine block, 1980.

[64] H. Michels, M. Bünck, and A. Bührig-Polaczek, editors. *Suitability of lost cores in the Rheocasting Process*. International PhD Foundry Conference, Michels, Heiner and Bünck, Matthias and Bührig-Polaczek, Andreas, June 2009.

[65] S. Padovan, B. Fritsche, and P. Jung. Patent: WO2008116327; Beeinflussung des Gefüges durch Kern beim Druckgiessen, 2007.

[66] G. O. Verran, R. P. K. Mendes, and M. A. Rossi. Influence of injection parameters on defects formation in die casting Al12Si1,3Cu alloy: Experimental results and numeric simulation. *Journal of Materials Processing Technology*, 179:190–195, 2006.

[67] I. Rosindale and K. Davey. Steady state thermal model for the hot chamber injection system in the pressure casting process. *Journal of Materials Processing Technology*, 82:27–45, 1998.

[68] R. Helenius, O. Lohne, L. Arnberg, and H. I. Laukli. The heat transfer during filling of a high-pressure die-casting shot sleeve. *Materials Science and Engineering A*, 413-414: 52–55, 2005.

[69] H. Ahuett-Garza and R. A. Miller. The effects of heat released during fill on the deflections of die casting dies. *Journal of Materials Processing Technology*, 142:648–658, 2003.

[70] B. Lee, U. Baek, and J. Han. Optimization of gating system design for die casting of thin magnesium alloy-based multi-cavity lcd housings. *Journal of Materials Engineering and Performance*, 16:1–11, 2012.

[71] M. Hilbinger, J. Köpf, M. Rübner, and R. F. Singer. Computational optimisation of plunger movement during slow shot phase in high pressure die casting. *International Foundry Research*, 63:44–50, 2011.

[72] P. K. D. V. Yarlagadda and E. C. W. Chiang. A neural network system for the prediction of process parameters in pressure die casting. *Journal of Materials Processing Technology*, 89-90:583–590, 1999.

[73] K. Domkin, J. H. Hattel, and J. Thorborg. Modeling of high temperature- and diffusion-controlled die soldering in aluminium high pressure die casting. *Journal of Materials Processing Technology*, 209:4051–4061, 2009.

[74] D.-S. Hur, N. Mizutani, and D.-S. Kim. Direct 3-D numerical simulation of wave-forces on asymmetric structures. *Coastal Engineering*, 51:407–420, 2004.

[75] M. Hojjat, E. Stavropoulou, T. Gallinger, U. Israel, R. Wüchner, and K.-U. Bletzinger. Fluid-structure interaction in the context of shape optimization and computational wind engineering. In Hans-Joachim Bungartz, Miriam Mehl, and Michael Schäfer, editors, *Fluid Structure Interaction II*, volume 73 of *Lecture Notes in Computational Science and Engineering*, pages 351–381. Springer Berlin Heidelberg, 2010.

[76] K. Takizawa, C. Moorman, S. Wright, T. Spielman, and T. E. Tezduyar. Fluid structure interaction modeling and performance analysis of the orion spacecraft parachutes. *International Journal for Numerical Methods in Fluids*, 65(1-3):271–285, 2011.

[77] C. M. Wang and Z. Y. Tay. Hydroelastic analysis and response of pontoon-type very large floating structures. In Hans-Joachim Bungartz, Miriam Mehl, and Michael Schäfer, editors, *Fluid Structure Interaction II*, volume 73 of *Lecture Notes in Computational Science and Engineering*, pages 103–130. Springer Berlin Heidelberg, 2010.

[78] B. Fuchs, C. Körner, and H. Eibisch. Core viability simulation for the salt core technology in high pressure die casting. *International Journal of Metalcasting (IJMC)*, 7: 39–45, 2013.

[79] DIN 4760: Gestaltabweichungen.

[80] DIN EN ISO 11562: Geometrische Produktspezifikationen (GPS) - Oberflächenbeschaffenheit: Tastschnittverfahren - Meßtechnische Eigenschaften von phasenkorrekten Filtern, 1998.

[81] R. Volk. *Rauheitsmessung, Theorie und Praxis.* Beuth Verlag, Berlin, 2005.

[82] H. Sorg. *Praxis der Rauheitsmessung und Oberflächenbeurteilung.* Hanser; München, Wien, 1995.

[83] Kremer Pigmente GmbH & Co. KG. Datenblatt: Borax, Tinkal, 2009.

[84] B. Fuchs and C. Körner. Dwell pressure induced compression of lost salt cores in high pressure die casting. *International Foundry Research*, 65:18–23, 2013.

[85] B. Fuchs and C. Körner. Mesh resolution consideration for the viability prediction of lost salt cores in the high pressure die casting process. *Progress in Computational Fluid Dynamics*, 14:24–30, 2014.

[86] G. Roebben, B. Bollen, A. Brebels, J. Van Humbeeck, and O. Van der Biest. Impulse excitation apparatus to measure resonant frequencies, elastic moduli, and internal friction at room and high temperature. *Review of Scientific Instruments*, 68:4511–4515, 1997.

[87] R. Danzer and T. Lube. Werkstoffprüfung keramischer Werkstoffe - ein Überblick. In M. Pohl, editor, *Tagungsband Werkstoffprüfung*, pages 245–254. Werkstoffinformationsgesellschaft mbH, Frankfurt, 2004.

[88] DIN EN 843-1: Hochleistungskeramik - Mechanische Eigenschaften monolithischer Keramik bei Raumtemperatur - Teil 1: Bestimmung der Biegefestigkeit.

[89] C. W. Hirt and B. D. Nichols. Volume of Fluid Method for the Dynamics of Free Boundaries. *Journal of Computational Physics*, 39:201–225, 1981.

[90] J. M. Brethour and A. H. G. Isfahani. *The Fluid-Structure Interaction and Thermal Stress Evolution Models in FLOW-3D*. Flow Science Inc., Santa Fe, NM USA 87505, July 2011.

[91] C. H. Lees. On the thermal conductivities of crystals and other bad conductors. *Philosophical Transactions of the Royal Society A*, 183:481–509, 1892.

[92] G. Wei. *A Fixed-Mesh Method for General Moving Objects*. Flow Science, Inc., 2005.

[93] M. C. Carter, S. Palit, and M. Littler. Characterizing Flow Losses Occurring in Air Vents and Ejector Pins in High Pressure Die Casting. In *NADCA Transactions 2010*, 2010.

[94] DIN EN ISO 3274: Geometrische Produktspezifikationen (GPS), Oberflächenbeschaffenheit: Tastschnittverfahren, Nenneigenschaften von Tastschnittgeräten, 1997.

[95] DIN EN ISO 4287: Oberflächenbeschaffenheit: Tastschnittverfahren.

[96] CARL ROTH GMBH + CO. KG. Sicherheitsdatenblatt gemäß Verordnung (EG) Nr. 1907/2006, 2012.

[97] F. Chagnon. Effect of powder characteristics, mix formulation and compacting parameters on green density of pm parts. *Advances in Powder Metallurgy and Particulate Materials*, 2010.

[98] A. Joffé, M. W. Kirpitschewa, and M. A. Lewitzky. Deformation und Festigkeit der Kristalle. *Zeitschrift für Physik A - Hadrons and Nuclei*, 22:286–302, 1924.

[99] S. Hasse and E. Brunhuber. *Gießerei Lexikon*. Fachverlag Schiele & Schön GmbH, Berlin, 2000.

[100] R.W. Heckel. Density-Pressure Relationships in Powder Compaction. *Transactions of the Metallurgical Society of AIME*, 221:671–675, 1961.

[101] R. E. Downing. Patent: WO1992003238; die casting from dies having coated expendable cores, 1992.

[102] B. Fuchs, R. H. G. Heid, C. J. Thoma, J. Müller, P. Wanke, and A. Jäschke. Patent: DE102013007735; Verfahren und Vorrichtung zum Herstellen eines gussgeeigneten Salzkerns, 2013.

[103] B. Fuchs, R. H. G. Heid, C. J. Thoma, and P. Wanke. Patent: DE102012022390; Verfahren zur kalten Herstellung eines Salzkerns für das Druckgießen, 2014.

[104] B. Fuchs, R. H. G. Heid, C. J. Thoma, and P. Wanke. Patent: DE102012022631; Verfahren zur Herstellung eines Salzkerns für das Druckgießen mit einer zuvor abgepackten Salzmenge, 2014.

[105] C. J. Spiers and P. M. T. M. Schutjens. *Deformation Processes in Minerals, Ceramics and Rocks*, chapter Densification of crystalline aggregates by fluid-phase diffusional creep, pages 334–353. Springer, 1990.

[106] C. J. Spiers, J. L. Urai, and G. S. Lister. The effect of brine (inherent or added) on rheology and deformation mechanisms in salt rock. *Proceedings of the Second Symposium on Salt*, pages 24–28, 1984.

[107] B. den Brok, M. Zahid, and C. W. Passchier. Pressure solution compaction of sodium chlorate and implications for pressure solution in nacl. *Tectonophysics*, 307:297–312, 1999.

[108] D. Yang and H. Conrad. Enhancement of the Ductility of Polycrystalline NaCl by an Electric Field. *Scripta Materialia*, 37:767–771, 1997.

[109] D. Yang and H. Conrad. Influence of an Electric Field on the Plastic Deformation of Polycrystalline NaCl at Elevated Temperatures. *Acta Materialia*, 46:1963–1968, 1998.

[110] F. J. Feikus, H. Koch, C. Richard, G. Röders, A. Simmak, A. Spravil, and P. Ubl. Druckguss aus NE-Metallen, Technische Richtlinien. Technical report, VDD Verband Deutscher Druckgießereien, 2008.